犬や猫と会話できる

# ペットーク

アニマルカウンセラー協会 代表
保井敦史
YASUI ATSUSHI

内外出版社

# はじめに

## 猫はなぜ、歯磨き粉が嫌いだったのか？

「うちの猫を、みてもらえませんか？」

後輩の家で飼っている猫ちゃんと会話した時のことです。

猫ちゃんの食欲が落ちているのを心配した彼は、私が動物と話すトレーニングを積んでいると聞いて、相談してくれました。

私は、喜んでお話をさせてもらうことにしました。

早速、猫ちゃんの写真をＬＩＮＥで送ってもらい、お話がスタートしました。

後の章で説明しますが、私の実践しているペットとの会話は、距離が離れていても可能なのです。

写真の猫ちゃんに心の中で話しかけてみると、

猫ちゃんから、

「私、お父さんと縁が深いの」

というメッセージが聞こえてきました。

不思議に思って後輩に聞いてみると、実は、その猫ちゃんを小さい頃から面倒みているのは彼のお父さんでした。

私は、相談してくれたのが後輩だったので、すっかり彼の飼い猫と思い込んでいたのですが、猫ちゃんが教えてくれて、初めてこの事実を知りました。

さらに、猫ちゃんに好きなもの、嫌いなものを聞いてみました。好きなものは、

「サンマが食べたい！」

と、言ってきました。そして、嫌いなものはというと、

「歯磨き粉！」

と、すごい勢いで言葉が返ってきました。

歯磨き粉？　なんで？　と不思議に思いながら、それを後輩に伝えると、

「すごいですね！　当たっています！」と言うのです。

この猫ちゃんはよく洗面所で水を飲んでいて、彼が歯磨きをしている時にそばに寄ってくるそうです。そこで「歯磨き粉に興味があるのかな？」と思い、歯磨き粉のついたブラシを鼻先に差し出したその瞬間、猫ちゃんは「ギャッ！」と驚いて、跳び上がったというのです。

彼はそれが面白く感じ、それ以来、猫ちゃんにいたずらをしていました。猫ちゃんはそれがとても嫌だったようで、

「それはやめて。勘弁してほしい」

と、私に伝えてきました。

もちろん、後輩も猫ちゃんの気持ちを聞いて反省したそうですが、まさか猫ちゃんから歯磨き粉という言葉を聞くとは思いませんでした。

また、猫ちゃんとお話をした翌日、後輩からさらに驚きの報告をもらいました。私の話を聞いた彼のお父さんが、猫ちゃんに焼いたサンマをあげてみたそうです。おうちには3匹の猫ちゃんがいて、みんな普段はキャットフードを食べています。「でも、猫だからみんな魚は好きだろう。あげればどの猫も喜んで食べるんじゃないの？」と、その時点では私が猫ちゃんから聞いたというのも半信半疑だったと言います。

ところが3匹に魚をあげてみて、実際にそれを食べたのは、私に「サンマが好き！」と言ってくれた猫ちゃんだけでした。これにはお父さんも鳥肌が立ったと、興奮しながら後輩に電話があったそうです。

写真越しの会話でしたが、猫ちゃんはいろんなことをお話ししてくれました。この経験に私自身がとても驚きましたし、

「本当にペットと話すことはできるんだ！」

という自信にもなりました。そして、

「どうすればもっと正確にペットと会話できるんだろう」

「動物の声を聞くだけではなく、こちらの意思も伝えられるだろうか？」

と、さらにペットとのトーク術を学んでいったのです。

## 誰でも動物と話せる時代がやってきた

皆さん、こんにちは。

私はアニマルカウンセラー協会の代表を務め、アニマルコミュニケーションを教える「ペットトーク講座」を主催している、保井《やすい》敦史《あつし》と申します。

アニマルコミュニケーションというのは、ひとことで言えば、動物たちと心と心で会話することです。

「人間と動物が話せるなんて、そんな馬鹿な！」と思う人もいるかもしれません。

私自身、スピリチュアルという目に見えない世界は疑うほうでしたが、「動物たちと話してみたい！」という興味から、自分なりに研究を重ね、今では、飼い主さんとペットとの間を取り持ったり、アニマルコミュニケーターを育成したりしています。

動物と話ができたら、楽しいと思いませんか？

最近は「動物と話がしたい」という人がずいぶん増えてきたように思います。ほんの2、3年前までは、アニマルコミュニケーションなんて、ほとんどの人が知らなかったでしょう。

それがSNSやYouTubeでさまざまな情報がアップされるようになり、今ではインターネットで検索すれば、関連の書籍や講座がたくさんヒットします。

私自身も3年間で300人以上の生徒さんに指導していますし、卒業した生徒さんがアニマルコミュニケーションを教えていたりします。ほかにもアニマルコミュニケーションを教えている方もいます。そのため、全体として「動物と話せる」ということが皆さんの目に触れる機会が増えているのです。そのおかげで、「誰でも話せるの？　それなら私も話したい」

と、アニマルコミュニケーションに対するハードルが少し下がっているように思います。誰もが動物と話せるような時代になってきているのです。

ただ、アニマルコミュニケーションを教える講座は非常に多く存在します。

今は情報がありすぎて何を選べばいいかわからないですよね。ＳＮＳなどで実際に体験した人の話もたくさん発信されているので、それらの情報を参考に、信頼できるアニマルコミュニケーターを選んでください。

そして、ぜひ、動物と会話をする楽しさ、大切さを知っていただきたいと思います。

## 「ペット語翻訳機」はあなたの中にあった

ドラえもんの秘密道具、「ほんやくコンニャク」をご存じですか？

これを食べると、世界中の人と会話できるようになり、言葉の壁を越えたコミュニケーションができるようになるというものです。

子ども心に、私にもこのコンニャクがあったらいいのにと思ったものです。

アニマルコミュニケーションというと、何か新しい知識や技術を学ばないと身につかないと思っている人が多いのですが、そんなことはありません。

もちろん、「ほんやくコンニャク」を食べなくても大丈夫。

実は、動物と会話をするための「ペット語翻訳機」は、私たち一人ひとりがすでに持っているのです。

自分の中にその力があると気づくことが、動物たちと話をする第一歩と言えるでしょう。

「ペット語翻訳機」があるのは、私たちの潜在意識（無意識）の中です。

潜在意識にある力をなぜ活用できるのか、その力をどうやって使いこなすのか、これから本書の中で詳しくお伝えしていきたいと思います。

あなたの中にも、「ペット語翻訳機」は必ずあります。

それを信じて、自分の未知なる能力を発掘してください。

## 心理学から生まれた「ペットーク」

私は、自分の開催している「ペットーク講座」について話す時、「受講された9割の人がペットと話せるようになります」と、お伝えしています。

9割と聞いて、あなたはどう思いましたか？

「本当に話せるの!?」

「それならできるかも！」

「残りの1割に入ったらどうしよう……」

この質問の答え次第で、その人がペットと話せるようになるかどうかがわかってしまいます。なぜなら、私の教えるアニマルコミュニケーションは、バックボーンに心理学があるからです。

私の講座の生徒さんは、自分の潜在意識にアプローチし、その力を使ってペットと会話をします。当然ながらその力は目で見ることができませんし、手に触れることもできません。

それだけに、世の中を悲観的に見ている人は、自分に素晴らしい力があることを信じきれないのです。

反対に、なんの疑いもなく信じることのできる人は、その力でペットとお話ができるようになります。


さて、どちらのほうが楽しいでしょうか？

潜在意識は、特別なものではありません。誰もが持っているものです。

持っているものを使うのですから、使い方さえわかれば9割という高い確率で話せるようになるわけです。そして、残り1割の人も、訓練次第で話せるようになる可能性は十分にあります。


一般的なアニマルコミュニケーションの本は、あくまでも飼い主とペットの関係性を良くするために確立したメソッドの紹介です。

しかし、私がおすすめするアニマルコミュニケーションは、単なるノウハウでなく潜在意識をコントロールする心理学をベースに作りあげたものです。
この方法を、私は「ペットーク」と名付けました。

ペットークは、ペットとお話ができるだけでなく、自分の生き方そのものにも変化をもたらします。ペットとのコミュニケーションだけでなく、人間関係にも良い影響を与えています。

なぜなら「ペットーク」は、あなたの心そのものの力を上げていくからです。

自分の可能性を信じましょう。
そして、大切なペットとのコミュニケーションを楽しんでください。

２０２３年２月　アニマルカウンセラー協会
代表　保井敦史

目次

## 第3章

## ペットと話ができる仕組みとその準備 —— 063

第4章

# さあ、ペットと話してみよう！

第5章

## あなたのペットはなんて言っているの？ ― 119

## 第7章

# ペットはあなたを選んで会いにきた

ブックデザイン&ＤＴＰ　亀井英子
イラスト　大塚さやか
出版プロデュース　株式会社天才工場　吉田浩
編集　福元美月
執筆協力　浅井千春
校正　小川かつ子

第1章

# 9割の飼い主がペットと話せる！

## 飼い主の永遠の夢はペットの気持ちがわかること

私の家には、しずかちゃんという名前のうさぎさんがいます。

思い起こせば、最初に会話ができたのはしずかちゃんでした。

「私は、あなたに会うために生まれてきたの」

「あなたのお仕事をお手伝いできたらうれしいな」

と、彼女は私に話しかけてくれました。

それが一つのきっかけになって、アニマルコミュニケーターとして仕事をするようになりました。


**ペットの存在は、時にはとても大きな力になってくれる**ものだと思います。


私もそうでしたが、飼い主さんにとっては、自分のペットがどんな気持ちでいるか気になるものです。

特に「知りたい！」と思うのは、ペットの具合が悪くなった時でしょう。

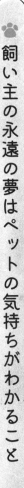

日中にペットの様子がおかしくなったら、動物病院で獣医さんに診てもらうこともできますが、夜間となるとそうはいきません。


**「どうしたの？　何が起きたの？」**

**「どこが痛いの？」**

**「苦しいの？」**


人間でも症状を察するのは難しいのに、ペットの場合はなおさらです。

夜間の救急病院を探すべきか、次の日にかかりつけの獣医さんに診てもらうべきかと迷うでしょう。

できることなら、痛いのがお腹なのか、頭なのか、それとも胸が苦しいのか、少しでも症状がわかればと、歯がゆい思いをするのではないでしょうか。

以前、ワンちゃんの飼い主さんから「ごはんを全然食べないんです」と、緊急でご相談を受けたことがありました。

数日前から食欲がなく、飼い主さんのほうを見て、何かを言いたげにしていたそうです。

セッションは予約制で、普段ならお待ちいただくところなのですが、とても深刻な状況だったので、急いで深夜にワンちゃんとお話しすることになりました。

実際に、ワンちゃんとお話をしてみると、

**「私は病気なの？　だから飼い主さんに嫌われちゃったの？」**

と言うのです。

実は、ワンちゃんがそう思った原因の一つがコロナでした。

接客の仕事をしている飼い主さんは、自分がコロナウイルスを持ち帰って愛犬にうつしてはいけないと、スキンシップを控えるようにしていたのです。

また、ワンちゃんが女の子で、ちょうど避妊手術を予定していたことも重なりました。飼い主さんは、ワンちゃんに「避妊手術をするからね。病院に行くよ」と、何度も言い聞かせていたそうです。

ワンちゃんは、飼い主さんの様子がいつもと違い、しかも病院に行くと言うので、「自分が病気だから、嫌われたんだ」と思い込み、ごはんが食べられなくなってしまったのです。

それを聞いて、私が「違うよ。病院には避妊手術に行くだけだよ」と説明すると、ようやく事態がのみ込めたようで、10分ほどすると用意されていたドッグフードを完食してくれました。飼い主さんも、ちゃんとワンちゃんに事情を話していたのですが、口から発する言葉だけではうまくペットには届きませんでした。

実は、心の中でペットに話しかけてあげるほうが、想いはちゃんと伝わります。この日以来、飼い主さんは、

**「コロナでいつものように一緒には寝られないけれど、愛しているよ」**

と、毎日心で伝えるようになったそうです。

すると、ワンちゃんはどんどん元気になり、「今までは朝の散歩の足取りが重かったのに、ルンルンと飛び跳ねて歩くようになりました」と、飼い主さんがうれしそう

に動画を送ってくださいました。

このワンちゃんはメンタルが原因でしたが、その子によって、

「歯が痛いの」

「お腹が痛いの」

と、自分の症状を訴えてきてくれる子もいます。

**ペットの気持ちがわかることで、病気の時にも早めの対処ができる**ようになります。


ちなみに、アニマルコミュニケーターとして私に依頼が来るのは、最近では「亡くなったペットと話してほしい」というものがほとんどです。

テレビ番組で「亡くなったペットと話す」という企画が取り上げられるようになってから、「話せるのなら、聞いてみたい」というご依頼が増えました。

亡くなったペットと話している時、自分の死因を話してくれる子もいます。

あるワンちゃんとお話ししたところ、

「すごく頭が痛くなったの」

と打ち明けてくれました。それを飼い主さんに伝えてみると、

「病院でも脳が原因だったのではないかと言われたんです。やはりそうだったのですね」

と、私の言葉に納得し、**「人は動物と話すことができる」**ということを信じてもらうことができました。

## ペットの気持ちがわかると問題行動がなくなる

あるワンちゃんの飼い主さんから、ワンちゃんの無駄吠えのご相談をいただきました。何が原因で、そんなに吠えているのかと聞いてみると、

**「大好きなお母さんを守っているんだよ」**

という答えが返ってきました。

誰かが家を訪ねてきた時も、ドッグランで他のワンちゃんが飼い主さんのそばに寄って来た時も、「自分がお母さんを守らないといけない」という義務感でワンちゃんは吠えていました。

人にとっては無駄吠えでも、ワンちゃんには吠える理由がちゃんとあったのです。

そこで、飼い主さんにそのことを伝え、「いつも守ってくれてありがとう」と、ワンちゃんに感謝を伝えてもらうようにすると、無駄吠えはだんだんなくなっていきました。

また、犬だけでなく、猫やうさぎがトイレを外してしまうのも、問題行動としてよく取り上げられます。

基本的に、犬、猫、うさぎは人間と同じくらいトイレを外すことがありません。

そんな子たちがトイレを外すのは、

**「トイレを掃除してほしい」**

**「トイレの場所を変えてほしい」**

という要求の表れだったりします。

お願いごとは、トイレに関するものだけでなく、

「もっと遊んでよ！」

「お外に行きたい！」

など、さまざまなものがあります。

「何もトイレを外さなくても……」と思うかもしれませんが、もし言葉が通じなかったら、私たちもなんとか気づいてもらおうと何かで合図をするでしょう。

使えそうなものがトイレなら、それを動かすとか、叩くとか、手段として使うかもしれませんよね。


ペットの問題行動というと、ペットが問題を抱えているように捉えられがちですが、**ペットークでペットの気持ちを知り、ちゃんとそれに応えてあげれば、トラブルを防ぐことは十分可能**なのです。

ペットの性格もあるので、１００％なくなるとは言えませんが、ペットの気持ちを知ることで、お互いにストレスを感じない生活を送れるでしょう。

## ペットにあるのは、好き・嫌いのジャッジだけ

ペットが懐かない、散歩中にリードを引っ張って先に行こうとする、散歩で一歩も動かない。そんなご相談を受けることもあります。

こうした状況は、その人がペットと縁の浅い場合によく起こります。

ご家族でペットを迎える時に、全員で同時に「この子を迎えよう！」と決めるということは珍しいでしょう。誰かが「この子がいい」と主張して、周りがそれに同意して決めていると思います。

ペットにとっては、最初に決めたその人が一番縁の深い可能性が高いのです。

ワンちゃんの場合によく聞くのが、家族に順位をつけ、自分より立場が下の人を見下している、などということですが、**ペットは家族に順位をつけることはありません。単に好きか嫌いかでジャッジします。**その意味では、自分と一番縁の深い飼い主さんが、一番好きな存在だと言えるでしょう。

なんとなく順番があるように思えてしまうのは、人間がそのように見ているからです。「ペットから下に見られている」という人は、ペットがその人をあまり好きではないということです。

人間の世界と同じで、「片想い」はペットの世界にもあるのです。

## 「服なんて着たくない」ペットの気持ち

ペットショップに行くと、かわいい服がいろいろ販売されています。

ここにも人間側とペット側の気持ちのギャップがあります。

**自分から「服を着たい」というペットは非常に少ないです。**

「うちの子は、お散歩に行く時に洋服を着たがるけど……」という飼い主さんもいるのですが、ペット側の言い分としては、

「服を着ないと散歩に行けないから着るよ」

「これを着ると飼い主さんがうれしそうだから、我慢するよ」

と、いうことなのです。

私たちも子どもの頃は服を着るのが嫌でしたよね。裸で走り回っているほうが好きだったのではないでしょうか。

それでも裸では暮らせません。何か着ないといけないから、だんだんそれに慣れてしまい、着ることが当たり前になっているのです。

ペットも首輪をしたり、服を着たりすることに慣れてはくれますが、好きなわけではありません。

**動物園の動物で、洋服を着ている子はいませんよね。**ペットも同じなのです。

ペットの気持ちをわかっているようで、実は誤解している。こうした気持ちの行き違いは、他にもいろいろあるはずです。

ペットと話ができるようになると、この行き違いに気づくことができるようになるでしょう。

## 動物の心は飼い主が思うより繊細

ペットたちは、飼い主さんが思う以上に、繊細な心を持っています。

一番絆の強い飼い主さんが大好きで、常に一緒にいたいのです。

子どもの頃、お母さんの姿が見えなくなって、すごく不安になったことはありませんか？

大きくなるといろんなことに興味が湧いて、寂しさや不安感も薄らいでいきますが、**ペットたちの気持ちは、幼い頃にお母さんに感じていたような、純粋で繊細な感覚に似ています。**

私がお話ししたペットのエピソードをご紹介しましょう。

あるオウムは、飼い主さんの娘さんと仲が良かったのですが、娘さんは結婚し、別のところで暮らすようになりました。

その娘さんが久しぶりに実家に遊びにきたら、オウムに穴が空くほど突かれてしまったというのです。
飼い主さんは、「あれほど仲が良かったのに、どうして？」と、私に理由を聞いてほしいと依頼されました。

オウムが攻撃的になったのは、娘さんに置いて行かれたと思ったからでした。

**「あいさつもなくいなくなって、寂しかった」**
**「なんで何も言わずにいなくなったの？」**

そんな気持ちが、怒りとなって表れていたのです。
私は娘さんに、「オウムくんに、『実はこうだったの。寂しい思いをさせてごめんね』と、心の中で謝ってください」とアドバイスしました。
実際に娘さんがオウムに謝ったところ、攻撃は無くなったそうです。

また、あるうさぎさんは、お母さんが毎年里帰りする期間になると、体調が悪くなっていました。

お父さんがちゃんとお水もごはんもあげるのですが、出されたものを全く食べなくなり、実家から戻ったお母さんが毎回病院に連れて行くまでになっていたそうです。

そこで、うさぎさんの気持ちを聞いてみたところ、

**「もうお母さんが帰って来ないんじゃないかと心配してるんだ」**


と言うのです。

それが怖くて具合が悪くなっていたことがわかりました。

このうさぎさんも、お母さんがちゃんと心で帰ってくることを伝えるとごはんを食べるようになりました。

攻撃的になったり、具合が悪くなったり、その子の性格によっても違いはありますが、**ペットたちは飼い主さんの行動によって、不安になったり、傷ついたりします。**

生活に変化がある時は、ペットにちゃんと説明して、そのことを伝えてあげてください。

言葉でなく心でお話しすると、ペットたちにも伝わりやすくなります。飼い主さんの言葉に納得すれば、問題になるようなことも起こらなくなるでしょう。

## 心の会話は「言葉」と「イメージ」でする

ペットと会話をする時には、ちょっとしたポイントがあります。

人間は口から言葉を発して会話するのが基本的なコミュニケーションの取り方ですが、ペットの場合は心で会話します。

**口から出る言葉は、ペットたちには難しい**のです。

例えて言うなら、日本人にフランス語で話しかけているような感じ。英語ならまだなんとなく理解ができますが、いきなりフランス語で言われても、意味すらわかりませんよね。

ですから、口から出る言葉でなく、心の言葉を使うのです。

**ペット同士も、心の言葉でコミュニケーションを取っています。**ワンワン、ニャーニャーという鳴き声は、実は、会話をしているわけではありません。

どちらかというと、「ねぇねぇ」「おーい」という呼びかけや、「あー」「おー」と叫んでいるような状態です。

以前、動物の鳴き声を翻訳するというおもちゃが流行ったことがありましたが、ペットたちは会話をする時には鳴かないのです。**ちゃんと相手に伝えたい時は集中して音も立てず、静かに会話をしているのです。**

私たちアニマルコミュニケーターも、ペットと会話する時は、静かに集中して、心の中で話しかけていきます。

まずは心の言葉で話してみましょう。

できるだけ簡単に、わかりやすい言葉を選んで伝えてみてください。

ペットたちは数字を知らないので、「夕方5時に帰る」という代わりに、「外が暗くなってきたら帰ってくる」のような表現で伝えるとわかりやすくなります。

そして、言葉でうまく伝わらない時にはイメージを送ります。

頭の中からイメージを送るのです。外が暗くなるようなイメージ、自分が家に帰ってくるようなイメージを心の中で伝えてみましょう。

口に出すのではなく、アウトプットの方法を少し変えるだけで、ペットに自分の考えや気持ちを伝えることができるようになります。

## 携帯電話の電波のように、メッセージを送る

では、ペットたちと、なぜ心と心で会話ができるのでしょうか。

それは、**人間もペットも、それぞれがメッセージを受け取ったり、送ったりできる装置を持っている**からです。

携帯電話をイメージするとわかりやすいと思います。

携帯電話には特定の電波の周波数があり、０９０、０８０などと決まった番号を使

うことで、相手の番号と通話できたり、メールやメッセージが送れたりするようになっています。

これと同様に、相手の心の中にある受信装置の周波数に合わせてメッセージを送受信することで会話ができるようになるのです。

この相手に送る電波のことを、**「テレパシー」**と呼びます。

ただし、テレパシーは携帯電話の電波よりも不安定で、１００％相手に届くとは言い切れません。相手が受け取りたくないと思えば、会話は成立しません。人のことが嫌いな子や、人に興味のない子の場合、こちらからお話ししようと呼びかけても、受け取ってもらえないことがあります。

一方で、**私たちがメッセージを送っていないのに、ペットのほうが察してくれたり**もします。

「そろそろごはんにしてあげようかな」と立ち上がり、ごはんの準備を始めると、ペットがそばに寄ってきたり、「今日はワクチンの注射だな。動物病院に連れて行かないと」と思うと、さっきまでそばにいたペットの姿が見えなくなったり。

そんなことが起きるのは、あなたが話しかける前にペットがテレパシーを先取りしているからです。

心と心でつながる会話、素直な感情でのやりとりは、便利なことも不便なこともありますね。

## ゾウもアリも同じ動物語を話している

私がこれまでにお話しした一番小さい生き物はアリ。大きな生き物はゾウです。キリンやサイとお話をさせてもらったこともあります。

「へぇ！　アリ語も話せるんだ」

と、思われるかもしれませんが、実は、**あらゆる生き物の使っている言語は一つ**なのです。

私たち人間が英語やフランス語、ドイツ語などといろいろな言語を使っているので犬語、猫語、うさぎ語とそれぞれ分かれているように考えてしまいますが、みんな言語は共通しています。

その意味で、テレパシーで会話できる相手は動物だけではありません。

私の「ペットーク講座」の生徒さんには、**植物と会話をするという人**もいますし、**亡くなった人と話せる人**もいます。「ペットーク」は、生死にかかわらず魂と魂で会話します。たとえ会話したい相手が亡くなっていたとしても、離れたところにいたとしても、そこに周波数を合わせてテレパシーで交信し、お話ができるのです。

ここでよく質問されるのが、ペットたちから送られてくる言葉はどんなふうに聞こえてくるかということです。

私には、会話をしているペットの言葉が日本語で聞こえます。アニマルコミュニケーションを始めた頃は私自身の声で聞こえていましたが、今は、それぞれのペットによって違う声で聞こえるようになりました。

早口な子もいれば、ゆっくり話す子もいます。高い声の子、低い声の子、いろいろいます。いずれも送られてきた言葉を、私は日本語として受け取ります。

それができるのは、「はじめに」で触れたように、私たちはそれぞれ**自分の中に「ペット語翻訳機」を持っている**からです。

自分がもともと持っている力を上手に使えば、誰もが自分の言葉でペットたちと会話することができるのです。

## 大人より子どものほうがペットと話せる理由

**ペットとの会話は、大人より子どものほうが得意です。**

それは、子どもの気持ちが純粋で、ペットと話ができることを疑ったりしないからです。

私たちは大人になると、物事をだんだん疑うようになっていきます。人間の社会には、騙したり、騙されたりすることがあるからです。

騙されないようにしようと考えるうちに、物事を素直に受け入れることが難しくなってしまうのは、人間社会を生きていくためのスキルとも言えます。同時に疑う性質が強くなるほど、動物と話すこととかけ離れてしまうのかもしれません。

でも、諦めることはありません。

誰の中にも「ペット語翻訳機」はあるのです。自分にもその力があると信じると、使えるようになっていきます。

実際、私たちは大人になっても無意識に純粋な感覚を使うことがあります。

**「馬が合わない」「胸がざわめく」「虫の知らせ」**という言葉は普通に聞きますし、「頭に浮かんだ人からいきなり電話が来た」という経験を持つ人も多いのではないでしょうか。

こうした感覚も、テレパシーで何かを受け取っているといえるのです。

次章では、「ペット語翻訳機」のある場所、潜在意識の力についてお話をしたいと思います。

子どもの頃の感覚を思い出し、ぜひ、ペットとお話しする力を手に入れていきましょう。

どうしたいの？
おさんぽ
つれてって

第2章

# あなたの眠った力を引き出そう！

## ペットークに必要なのは潜在意識だった

### 「私は動物と話ができます」

こんなふうに言うと、「すごいですね！」と言いながら、どこかに「本当かな？」という気持ちを持つ人はたくさんいると思います。

私も初めて聞いた時は、「そんなことができるの？」と思ったので、その気持ちはよくわかります。でも、「動物と話がしたい」「きっと話せるようになる」と信じて練習をした結果、本当に話せるようになりました。

だからといって、私に特別な力があるわけではありません。

動物と話す力は誰にでもあります。ただ、その力をうまく引き出して使えるかどうかということなのです。

自分は動物と話ができる。

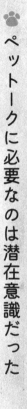

まずそう信じることが、動物と話せるようになる第一ステップであり、ここが簡単そうでいて、実は一番難しい部分。だからこそ、**ペットトークは心理学を取り入れているる**のです。なぜなら、「自分を信じさせる」ことができるかどうかに、心理学が深く関わっているからです。

心理学とは、心を深く理解しようとする学問です。その中にいくつものジャンルがありますが、私が取り入れているのは、潜在意識の分野。つまり、**無意識の世界を解明していく**というものです。

私自身、ずっと心の問題には興味があり、これまで20年近く心理学を勉強してきました。そして、動物と話すためには、自分の心の仕組みをきちんと理解しておくことが大切だと痛感したのです。

私の「ペットーク講座」を受けに来られる生徒さんの中には、「他の講座も受けてみたけれど、動物と話せるようにならなかった」という人が、何人もいます。

確かに技術的なことは、講座で習えばマスターできるでしょう。しかし、それだけでは、その先に進むことはなかなかできません。

**動物と話せる人と話せない人。**それは「自分を信じることができるかどうか」次第と言っても過言ではありません。なぜ、人によってこうした違いが起こるのか、本章で詳しく説明していきたいと思います。

## 心の中に眠っている、もう一人の自分

いい景色を見ようと誘われて展望台に登ったとたん、足がすくんだ経験はありませんか？「高いところから景色が見たい」と思ってここまで来たのに、どうして足が震えたり動かなくなったりしてしまうのでしょうか？

ペットトークに取り入れている「心理学」は、こうした問題を掘り下げて考える学問です。

頭で大丈夫とわかっていても足がすくむのは、**頭の理解を超えたところで「無意識」**

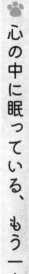

**が働いている**からです。

高い場所に登ってみたいという好奇心があっても、以前にどこかから落ちてケガをしたような経験があると、「こんなに高いところに来たら危ないぞ」と無意識が先に進むことをやめさせて、危険から自分を守ろうとしてくれているのですね。

目に見えないものなので、曖昧に感じるかもしれませんが、私たちの心には「意識」と「無意識」の領域があると考えられています。

難しい言葉で言うと、意識は「顕在意識」、無意識は「潜在意識」と言いますが、本書の中では意識と潜在意識でお話を進めていきます。

**「意識」は、私たちが頭で捉えている部分**です。

意識は、新しいものが大好きです。同じことの繰り返しに退屈してしまい、「あれがしたい、これがしたい」といつも刺激を求めています。

いい意味で捉えれば向上心が旺盛ということですが、その反面、行き過ぎてしまうところがあります。リスクがあっても構わず進んでいく無鉄砲さも持ち合わせているのです。

**「潜在意識」は、意識で捉えられていない、私たちの未知なる部分です。**

意識と反対に、常に刺激ではなく安定を求めます。潜在意識にとっては、命を守ることが何より大切で、変化することを好みません。

例えば、私たちの心臓や体温を考えてみるとわかりやすいと思います。もし、潜在意識が体を維持してくれなかったらどうなるでしょう。心臓が勝手に動くことをやめてしまったら死んでしまいますし、体温が一定に維持されなくなっても死んでしまいます。昨日も今日も、そして明日以降も、潜在意識が体の状態を一定に保ってくれているわけです。

心の状態も同様です。私たちのもともとの性格も、子どもの頃から明るい人は大きくなっても明るい性格ですし、無口な人は大人になっても無口な人が多いですよね。

**意識を今の自分と捉えるならば、潜在意識はもう一人の自分です。**

私たちは、自分の頭で考えて行動し、生きているように思っていますが、実は、もう一人の自分の力に支えられ、守られて生きているのです。

## 実は、三日坊主は命を守る仕組みだった

「意識」と「潜在意識」の関係を知ると、私たちの三日坊主のクセも説明がつきます。何か新しいことを始めても、すぐ三日坊主でやめてしまう。

自分で始めたことだけに、なんとなく後ろめたい気持ちになるのですが、ここにも潜在意識が働いています。

ダイエットを例に考えてみましょう。

「絶対５キロ痩せるぞ！」と決意して、食事のカロリー制限を始めたとします。そして、３日で３キロ痩せたので、この調子でマイナス５キロまで頑張ろうと思うのですが、食欲に負けて挫折……。

ダイエット経験者なら、この気持ちもわかるでしょう。

でも、挫折してしまった本当の理由は、好きなものを我慢しているからではありません。**潜在意識が必死に元に戻そうとしている**からです。

潜在意識的な発想からダイエットを見てみると、3日で3キロ痩せたということは、1日1キロペースで痩せるということです。

この調子で続ければ、5日でマイナス5キロ、10日でマイナス10キロ、100日でマイナス100キロ……。

どこかの時点で、この世に存在することができなくなってしまいますよね。

頭では5キロ痩せたらダイエットは終わりと思っていても、潜在意識はそこまで考えません。急に食べるのをやめるなんて、潜在意識にとっては全く意味不明な行動なのです。

**「このまま続ければ、死んでしまう……」**

と、潜在意識は全力でやめさせようとします。

この潜在意識の判断が大袈裟だと思うかもしれませんが、実際に過剰なダイエットを繰り返してしまう人もいます。誰かが止めないと、命が危険に晒されることもあるのです。

潜在意識は、ダイエットを三日坊主で終わらせることで、自分で自分の命を守っているわけです。

「でも、部屋の片付けや勉強は？　三日坊主はダメじゃないの？」

こんな疑問も浮かんできますが、たとえその人のためになることであっても、潜在意識にとっては、ダイエットの例と同じです。

意識的に行う良い・悪いという判断は、潜在意識には通用しません。**常に生きるために必要かどうかで判断しているのです**。潜在意識にしてみれば、現状を維持しているほうが楽だし、危険がありません。ですから、片付けをしよう、勉強をしようという変化に対しても、常にブロックする姿勢を崩しません。

三日坊主で終わってしまい、「したい」けど「できない」ことに私たちは悩んだり、苦しんだりするわけですが、こうした心の仕組みがわかると、三日坊主になることも悪いことではないと思えてきますし、潜在意識の存在がどれほど大きなものかもわかっていただけるのではないでしょうか。

## 潜在意識は、未知なる力の宝庫

では、この潜在意識というのは、どのようなものなのでしょうか？

私たちの心の中で、「意識」が占める割合は約３％、97％は「潜在意識」が占めていると言われています。

つまり、頭で理解できていない部分がはるかに大きいということです。今のあなたが**「これが自分の全て」と思い込んでいるものは、実は、全体の３％にすぎない**のです。

動物と話すことができるかどうか、その違いはまさにここにあるのです。

「動物と話すなんて、できるはずがない」

３％の頭は、そう考えてしまいます。

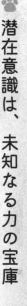

でも、私たちの中には、頭の理解を超えたところが97％もあるのです。

潜在意識には、未知の力が眠っています。なにせ意識の何十倍もの大きさなので、秘めたる力は想像を絶するものなのです。その力を考えるだけで、ワクワクしてきませんか？

「でも、潜在意識はしたいことをさせてくれないのでは？　そこに未知の力があるといっても使えないのでは……」と心配する必要はありません。潜在意識を知れば、あなたもその力を思い通りに使いこなせるようになります。

本書のテーマであるペットークの「ペット語翻訳機」も、この潜在意識にあります。頭では理解できない領域なので、頭でいくら話そうとしても、なかなか話せるようにはなりません。

**潜在意識の力をどれだけ使えるようになるか**にかかっているのです。

では、どうすれば潜在意識を使いこなせるようになるのでしょうか？

そのためには、まず、自分の中に潜在意識という領域があると信じることです。潜在意識はもう一人の自分でもありますから、３％の自分が97％の自分を信じるということでもあります。

あなたの中には、まだ気づいていない力があるのです。
それを信じることができれば、動物と話すこともできるようになります。

## もう一人の自分を味方につけよう

例えば、あなたの大好きな人が何かをしようとしていたら、全力で助けてあげたいと思うのではないでしょうか。
誰だって好きな人のためには頑張ろうと思うでしょう。でも、相手が大嫌いな人だったら、その人のために何かしてあげたいとは思いませんよね。それどころか足を引っ張ることまで考えてしまうかもしれません。

私たちの意識と潜在意識の関係も同じです。
**潜在意識は、仲良くなるといろいろな力を発揮してくれる**ようになります。
そして、潜在意識と仲良くなるためには、もう一人の自分を信じ、好きになることです。こちらが相手に好意を持って接すると、相手もこちらを好きになってくれるのです。

ただ、「自分で自分を好きになる」といっても、うまくできない人もいます。

例えば、テレビを見ている時に、

「私、この人嫌いだな」

「全然顔も良くないし、センスがダサいよね」

「しゃべり方も嫌い。面白くないし」

などと文句を言う人がいます。

相手はテレビの向こう側にいる人です。何かこちらの悪口を言ったわけではありません。そんな人に向かって文句を言ってしまう。こうしたストレスレベルが高い人は、なかなか自分を好きになることができないのです。

テレビの向こうに文句を言う人は、相手を通して自分の悪いところを見ています。

**人は、自分が自分にしていることしか他の人にもできません。**

自分に厳しい人は他人にも厳しいし、自分を責めている人は、やはり他人を責めるのです。

決して悪意があるわけではないのですが、周りに対してよかれと思って**「これではダメ」「もっとこうしたほうがいい」**と思う人は、前向きなようでいて、今の自分に批判的になっています。

なぜなら、今の自分を素晴らしいと思っているなら、他人も素晴らしいと思うからです。「もっと、もっと」というのは、今が素晴らしいと思っていないということ。そのために自分を責めてしまいますし、本人はそれが良いことだと思っているので、他の人にも同じように厳しくなるわけです。

今のあなたはどうでしょうか？　自分を責めてはいませんか？


**自分を好きになれる人は、自分を責めない人です。**

テレビを見ながら
「あの人、素敵だね」
「かっこいいよね。大好き」

人に対してこんなふうに思える人は、自分のことも素敵と思っている人です。**自分に優しい人は他の人にも優しくなれます。**生きているだけで幸せと、周りを平和な空気にしてくれる人です。

もし、今のあなたがテレビに文句を言っているなら、これを機に自分を振り返って、自分自身を好きになる練習をしてみましょう。

自分を好きになる方法も後ほどきちんとお伝えします。

これができるようになると、驚くほど自分の世界が広がっていきます。どんどん自分を好きになって、どんどん動物とお話をしてくださいね。

## 心理学が私たちの生き方を変える

動物と会話するペットークに、なぜ心理学を取り入れているのか。潜在意識の存在がわかると、その理由もわかっていただけると思います。

潜在意識の自分をイメージするのは難しいかもしれません。実際、世の中にはもう一人の自分の存在に気づかない人、自分のことを好きでない人はたくさんいます。**本気で自分の力を信じてみてください。**それが97％の力を引き出すトリガー（引き金）になって、いろいろなことが変化し始めるはずです。

自分を信じると書くと「自信」になります。

自分を信じることができない人は、自信が持てず、自分のしたいこと、言いたいこともなかなか実行できません。

そして、実行できない自分がますます嫌になって、自分や人を責めるようになります。これでは人生がどんどん悪い方向に向いてしまいます。それでは人生も楽しくありませんよね。

ぜひ、自分を信じ、潜在意識を味方につけてください。

そうすれば**人生の悪循環が好循環に変わっていきます。**

私自身が潜在意識の存在を信じ、動物と話せると信じて練習をしてきたからこそ、

「ペット語翻訳機」を自由自在に使えるようになったのです。しかも、その力を生かしてアニマルコミュニケーターとして活動できるようになり、今では３００人を超える生徒さんを教えられるまでになりました。

今までの自分には考えもつかなかったようなことが、どんどん起こりました。

**潜在意識を味方につけることで、自分の運も好転している**のです。

普通は、運を好転しようと思ったとき、お寺や神社に行く人が多いと思いますが、私は、自分にお参りしたほうがいいと思っています。自分を信じ、潜在意識の力を借りるほうが早く願いが叶うと信じているからです。

あなたのために潜在意識が動き始めたら、変化は次々に起こってきます。97％の自分が動くのですから、３％の自分の力よりもはるかに大きく、スピーディーです。

この感覚を、ぜひ、あなたにも味わっていただきたいと思います。

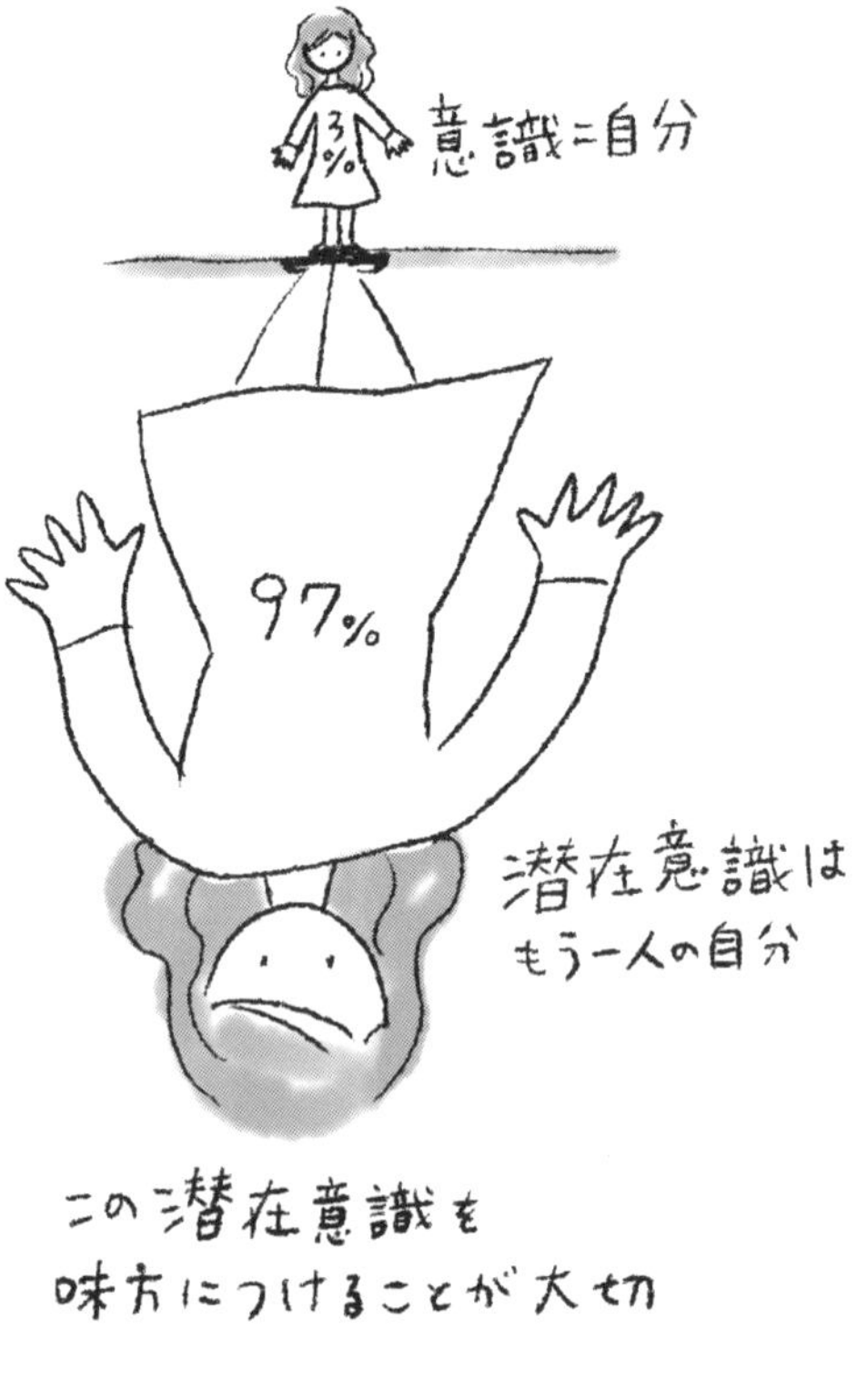
3%
意識＝自分
97%
潜在意識は
もう一人の自分
この潜在意識を
味方につけることが大切

# 第3章

# ペットと話ができる仕組みとその準備

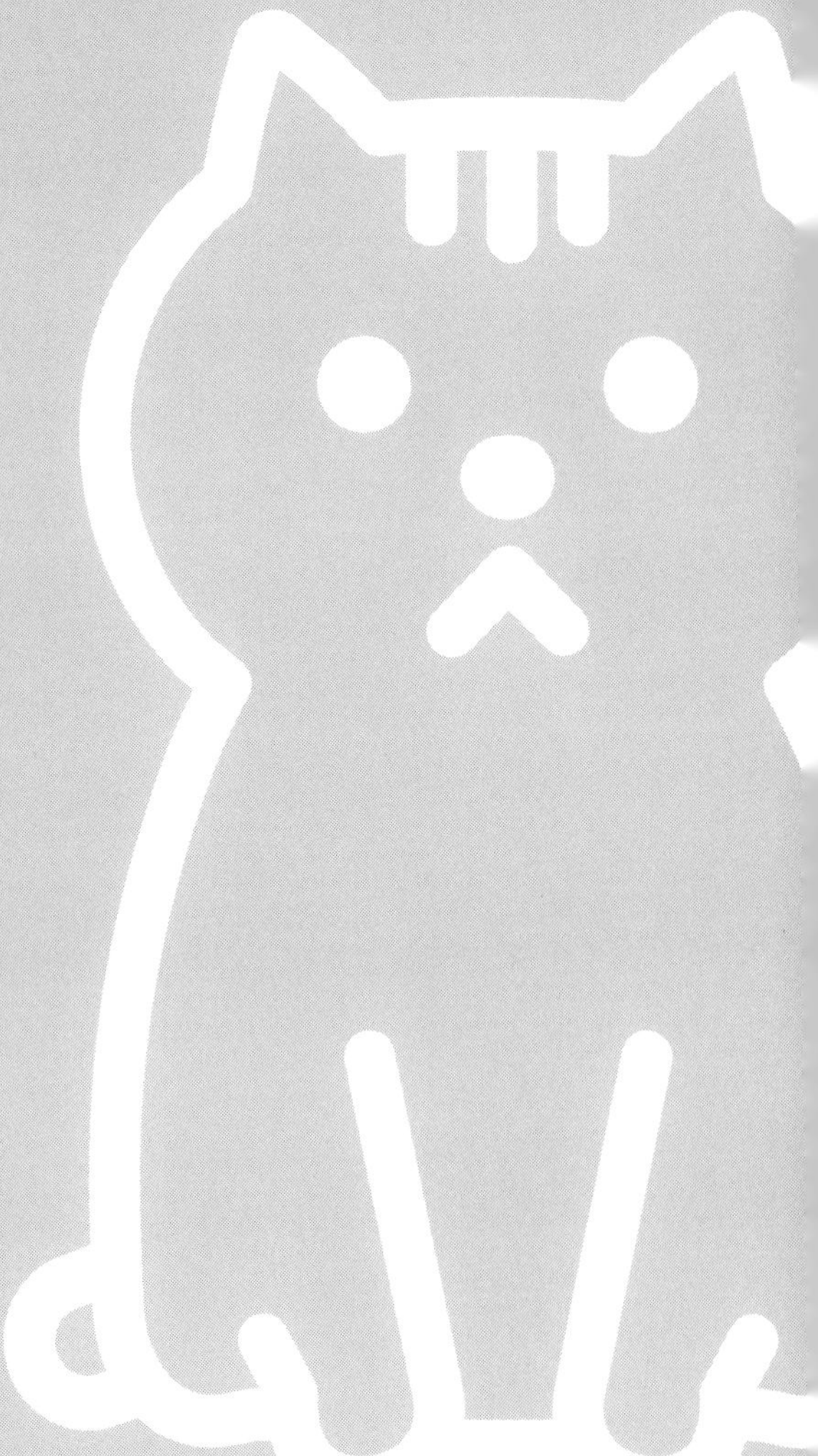

## ペットと話ができる仕組み

私の「ペットーク講座」の生徒さんが、あるワンちゃんとお話しした時のことです。「好きな食べ物は何？」と質問すると、ワンちゃんは「ジャーキー」と元気よく答えてくれました。しかし生徒さんには、ビーフジャーキーには見えない、何やら白い棒のような映像で見えたと言います。

そこで、不思議に思った生徒さんが、飼い主さんにそのことを伝えると、毎日おやつにワンちゃん用のガムをあげているそうで、それが白くて硬いジャーキーのようなものだったようです。

大正解だったと、飼い主さんもびっくりしていたそうです。

こんなふうに、**ペットとお話しすると、言葉や映像でメッセージを送ってきてくれます。**言葉といっても耳から聞こえてくるものではありません。頭の中で聞こえてくるような感覚なのです。

ペットとお話しする時には、心と心でお話しします。ふっと言葉が浮かんできたり、映像がパッと浮かんできたりするのです。

第1章でお伝えしたように、私たちがペットとお話しする時に使うのは、「テレパシー」と呼ばれるものです。

テレパシーとは、一体なんなのでしょう？

それは、**直感とかシックスセンス（第六感）**などとも言われます。ご存じのように、人には視覚・聴覚・嗅覚・味覚・触覚という五感があります。

この五感以外の感覚、「なんとなく感じる」というのが第六感です。ペットとお話しする時には、この感覚を使うのです。

文字で書くと、わかりにくいかもしれませんが、「なんとなく」という感覚は、私たちの普段の生活にもあるものです。

例えば、「今晩何を食べようかな」というのもそうでしょう。

「絶対にこれが食べたい！」という日もありますが、大抵はなんとなく「今晩はあれにしようかな」と決めているのではないでしょうか。

頭でそのことを真剣に考えるということもなく、ぼんやりとなんとなく決めている。これこそ第六感のなせる業なのです。

さて、話を続けましょう。

では、このテレパシーでどうやってペットとつながるのでしょうか。

テレパシーは、電波のように波を打って相手に伝わっていきます。第1章でお伝えしたように、ちょうど**携帯電話の電波が飛んでいくのと同じような感覚**です。

携帯電話は、特定の周波数で相手の電話番号につながることで、遠くにいる相手とでもお話ができますよね。

アニマルコミュニケーターが、目の前にいるペットだけでなく、遠隔でもペットとお話しできるのも、この携帯電話と同じ原理だと考えてください。

とはいえ、ペットたちは電話番号を持っているわけではありません。

そこで、その代わりに必要になるのが、**ペットの写真と名前、年齢、性別**というプロフィールです。

お話しする相手が目の前にいるなら、プロフィールがなくても大丈夫ですが、相手が目の前にいない場合は、写真だけでは似たような子とつながってしまう可能性があるので、本当にその子かどうかを確認するためにプロフィールが必要です。

ペットークでお話しする具体的な方法は、次章で詳しくご紹介しますが、大まかにいうと、写真を見て、呼び出して、お話をするという流れです。

呼び出して心と心がつながれば、ペットたちはなんらかの気配をくれたり、言葉や映像を送ってくれたりします。

ただし、第六感が「なんとなく感じる」ものなので、ペットたちのメッセージはとてもぼんやりと伝わってきます。

私たちは、**「今、ちょっと見えたように感じた」**とか**「こんなふうに聞こえたけど、本当？」**という感覚でメッセージをキャッチするわけです。

そのぼんやりとした感覚を信じる強い気持ちがないと、なかなかペットのメッセージを受け取ることができないのです。

私たちは目でじかに見たり、耳で直接聞いたりする五感に頼りがちで、それ以外を信じようとしません。そのために、第六感が鈍っている人がほとんどです。

だからこそ、第六感の力を磨いていく必要があるのです。

ぜひ、感覚に磨きをかけて、ペットからのメッセージを受け取ってください。

## シックスセンスが開く五感の鍛え方

### 「第六感を磨くって、どうすればいいの？」

「なんとなく」という感覚なだけに、それを鍛える方法もよくわかりませんよね。

私たちの普段の生活では、五感にばかり意識が向いて、第六感の存在すら忘れています。

これはある意味仕方のないことです。生きていくためには第六感よりも、五感が絶対に必要なのです。

例えば、舐めてビリビリするような食べ物は、食べてはいけませんよね。そうやって私たちは五感を使って命を守っているわけです。

第六感は、こうした五感の陰で出番がありませんが、実は、**五感を鍛えることで第六感も鍛える**ことができるのです。

簡単な練習方法を一つご紹介しましょう。

## 五感と第六感を鍛える練習法

### （1）目を閉じます。

頭の中に入ってくる情報の約6割は視覚情報だと言われています。そのため、目を閉じると他の感覚を感じ取りやすくなります。

## （2） 1つの情景のイメージを膨らませます。

ここでは、小学校の教室をイメージしてみましょう。

机が並んでいて、椅子があって、黒板があって、先生がチョークで何かを書いているような風景です。

## （3） その風景をよく観察してみます。

机はどんな机ですか？（視覚）
机の表面はどんな触り心地ですか？（触覚）
黒板にチョークで書く音を聞いてみましょう。（聴覚）
外から給食を準備する匂いがしませんか？（嗅覚）
給食の時間。今日はカレーです。（味覚）

# 第3章
# ペットと話ができる仕組みとその準備

どうでしょうか。

最初からはっきりイメージは浮かんでこないかもしれませんが、それでも大丈夫です。毎日短い時間でもいいので、イメージする練習をしてみましょう。

イメージするのは、小学校の教室でなくてもＯＫです。自分の好みでいろいろなシーンをイメージしてみてください。シーンが思い浮かばない時には、リンゴやバナナのような、簡単なものをイメージしてもいいでしょう。

イメージを膨らませ、そこに五感を集中させると、その間は実際の耳や目、鼻などには意識が向きません。つまり、**頭のコントロールから離れた状態**になります。この状態を作ることができると、第六感の力を発揮しやすくなります。

そして、このイメージをしている時の感覚をよく覚えておきましょう。

第２章でペットとお話しする時は潜在意識の力を使うと書きましたが、第六感もこの潜在意識にあります。

**潜在意識というのは、波一つない穏やかな湖のような世界です。**

頭のコントロールから離れ、静かな心の状態に入ることは、潜在意識の世界につながるということでもあるのです。

## どんどん失敗して、正解を手に入れる

第六感を使ったペットとのお話はとても曖昧で、最初の頃は「これが正解なのかな？」「受け取れているのかな？」と不安になるかもしれません。

ただ、それも自分の感覚を磨いていくことで、だんだん「これだ」というものがわかるようになってきます。


私がいつも心がけているのは、物事を**「5秒で決める」**ことです。

**第六感は直感力**でもあります。

なにごとも直感で素早く判断すると、頭でいろいろと考える時間がありません。結果、第六感を磨いていくことになるのです。

例えば、レストランに入った時、私は席に着いたらすぐにスタッフの人に声をかけます。それでメニューをパッと見てすぐに決めてしまいます。

この方法は私の奥さんには不評なのですが、とにかく早く判断をすることを習慣にしています（当然、奥さんには、「もう決めた？」と確認してから店員さんを呼びますよ）。

もちろん、失敗もあります。

むしろ、判断が早くなることで、失敗は増えると思います。ですが、この失敗こそペットトークを成功させるコツなのです。


ペットとお話をして、受け取ったメッセージの答え合わせをしてみると、外れてしまうこともあります。

しかし、この失敗から、**「受け取れたと思ったけれど、この感覚は違うんだ」**ということがわかります。これを繰り返して正解と出合えれば、自分の中で「この感覚が正解なんだ」という自信につながり、次回からはその感覚を頼りにペットとお話ができるようになります。

考えてみれば、人生もそうですよね。

一度失敗をすれば、それを避けることができます。失敗するたびにそこから学ぶことで、人生の成功を手に入れられるのです。失敗しなければ、成功もしません。

失敗こそが人生の醍醐味だと、私は考えています。


**頭で考えず、感覚を信じること。**

**そして、素早く判断をすること。**


ペットとお話しするために、それを心がけていきましょう。

## 人間の感覚ではなく、ペットの感覚で考える

私の家のうさぎさんは、家の中で放し飼いにしています。ごはんはケージの中で食べさせているのですが、ごはんの時間になると、ケージの扉が開くのを待ちきれずに

突進し、毎回扉に頭をぶつけてしまいます。

これが人間ならば、２回も繰り返せばドアが開くまで待つようになりますよね？

でも、ペットはそうなりません。

この違いは何だと思いますか？


それは、ペットと人間の脳の大きさが違うことが関係しています。

**ペットの脳は、過去をストックしておくスペースがないため、すぐに忘れてしまいます。** しかし人間は、過去をストックしておくスペースがあるため、過去の失敗をよく覚えています。

「あんなことをされた」「あの子はこんなふうにしてもらえたのに」といった恨みや妬み、うらやましいという感情は、過去に基づいています。また、「ああなったらどうしよう」「私にはできないかもしれない」といった不安や恐怖も、過去の体験からくるものです。


でも、ペットには今しかありません。

人間同士なら、「昨日足を踏まれた」と覚えていて、仕返しを考えたりしますが、ペットの場合は、こちらから「昨日足を踏まれたよね？」と聞いても、「そうだったっけ？」という感じで、忘れてしまいます。

覚えていないなんて頭が悪いように感じるかもしれませんが、それはあくまで人間の感覚。ペットからしてみると、**「人間は頭にとらわれすぎているなぁ」**といったところでしょうか。

人間もペットのように過去にとらわれることがなければ、考えすぎたり、苦しんだりすることが少なくなるはずです。

子どももペットと同じように、脳がまだ発達していないので、「今を生きる」というペットと同じような感覚を持っています。

小さな子どもが笑いながら走り回っているところを見たことはありませんか？

ただ走っているだけですが、それが楽しいのです。

ハイハイからつかまり立ちして、立って、歩いて、ようやく走れるようになり、走っている「今」がうれしくて仕方がないのです。

そこには、**過去も未来もありません。「今」だけなのです。**

私たち大人が「今」という感覚を手に入れるには、過去にとらわれていてはできません。「許せない」「できなかった」「叶わなかった」という過去があると、なかなか今だけを見ることができません。

ペットと話すというのは、**人間の「過去」の感覚ではなく、ペットの「今」の感覚**を使うということです。

この「今」だけという心の状態になる方法として、先ほどのように五感を鍛えるイメージで意識を内側に向けてもいいのですが、もっと手早く心を静める方法として、「瞑想」を使います。

詳しい瞑想の方法も、次の章でご紹介します。

## ハイジさんは、なぜ動物と話せるのか？

「動物と話ができる」というと、ハイジさんを思い浮かべる人が多いと思います。テレビ番組に**「動物と話せる女性」**として登場し、いろいろな動物の気持ちを飼い主さんに伝える姿には、誰もが感動したのではないでしょうか。

私も、ハイジさんのことを知り、動物と話したいという気持ちがますます強くなりました。

実は、自分がアニマルコミュニケーションの勉強を始める時、最初はハイジさんから学びたいと思いました。

ですが、残念ながら彼女は人に教えていませんでした。結局、他の先生の講座で勉強を始め、途中からは独学の道を歩むことになったのです。

ハイジさんは、子どもの頃から動物とお話ができたそうです。それどころか、「誰もが動物と話せると思っていた」と言います。

なぜこんなふうにずっとお話ができたのでしょう。

その理由は、幼少期の環境です。

小さい頃にずっと動物といられる環境にないと、お話はできません。実際、ハイジさんも人と話すより、動物と話していることが多かったようです。

日本のような環境では、まず難しいと思いますが、海外の広大な自然に囲まれて育つような環境であれば可能だと思います。


**動物とのコミュニケーションは口を使わないので、あまりしゃべらない人のほうが、お話が得意**かもしれません。私の「ペットトーク講座」の生徒さんを見ていても、そういう傾向があるように感じています。

小さい頃から人と話すことが得意というお子さんは、動物とではなく、人とよくお話しします。お父さんやお母さん、他の子どもたちと一緒に過ごす時間が長くなるでしょう。


すると、人間の世界で生きていくために、だんだん頭でものを考える力のほうが強くなってしまいます。

子どもの頃に動物と話せる能力があったとしても、大人になるにつれて力が薄れていくのです。

ただ、ハイジさんのように小さい頃からずっとお話ができていなくても、練習をすればちゃんとお話ができるようになるので、安心してくださいね。

私たちは、**誰でも必ず、動物とお話しできる力を持っています。**

そのことを信じずに「私には無理だ」と思っているとなかなか上達できません。

まずは話せると信じて、お話の練習をしていきましょう。

## ペットと話す前に知っておきたい大切なこと

ここまで、ペットークでなぜペットとお話しできるのか、何を使ってお話しするのかなどについて説明してきました。次章はいよいよペットークの実践です。

本章の最後に、ペットとお話しする前に、ぜひ知っておいていただきたいことをお伝えしたいと思います。

## [1] 目標を決める

やみくもに練習を始めると、三日坊主で終わる人が多いのですが、最初に自分の目標をきちんと決めておくと、それを回避することができます。

あなたは、動物と話せるようになったら何をしたいのでしょうか？

・自分のペットと話ができるようになりたい。
・他の人のペットとも話をしてみたい。
・話せる力をボランティアに生かしたい。
・アニマルコミュニケーターの仕事がしたい。

私の講座の生徒さんも、受講のきっかけは「自分のペットと話がしたい」という人がほとんどです。

ただ、実際に練習を始めてみると、他の人のペットとも話をしてみたいし、誰かの依頼でいろんなペットと話をしてみたいと思うようになる人が多いのです。どんどんしたいことが増えていきます。

そんな時に、ちゃんと明確なゴールを持っていないと、うまくいかなかった時に諦めてしまいます。

「私は、これをする！」という覚悟ができていると、何かあっても乗り越えられるものです。

ぜひ、ペットークを実践する前に、あなたの目標をしっかり決めてください。

## 〔2〕心を安定させること

ペットークを実践する時には、静かで穏やかな心の状態になることが大切です。

「友達とケンカしてイライラしている」とか「仕事で失敗しちゃった」とか、ネガティブな気持ちでいると、ペットークに対しても「これでいいの？　私にできるのかな？」「できなかったらどうしよう」という「不安」や「焦り」が心に湧いてきてしまいます。

この状態でペットークを試みても、まず失敗するでしょう。

よくスポーツ選手が、自分の成功した姿を思い描くイメージトレーニングをしますよね。

「成功したい」のではなく「成功した」イメージをすることで、脳に成功イメージが刷り込まれます。

潜在意識がそうなるようにしてくれるのです。

ペットークも「うまくいく」と信じて行うことが大前提です。その上で静かで穏やかなイメージに集中していきましょう。

### ［3］必ず瞑想をすること

瞑想は潜在意識の領域に自分を連れていくツールのようなものです。

私の生徒さんの中にも瞑想をしないでペットークをしようとする人がいますが、大抵途中でスランプに陥ってしまいます。

なぜなら、瞑想をすると潜在意識の深いところまで行くことができますが、瞑想をしないと、潜在意識でも浅いところでペットとお話しすることになるからです。

潜在意識も、浅い場所では頭で考える思考の影響を受けやすくなります。すると本来の深い心と心の会話ができず、ペットとの会話の正解率が下がったり、正確なメッセージを受け取れなかったりするのです。

ペットークを行う時には、瞑想は必須です。次章を参考に、瞑想の練習もしっかり行ってください。

そして、ペットとの会話を楽しみましょう。

1 目標
ミケと
話すぞ
2 心の安定
3 瞑想

第4章

# さあ、ペットと話してみよう!

## まずは瞑想してみよう

さぁ、ここからは実践です。

ペットとお話しする時は、まず心を落ち着かせ、瞑想することから始めます。

瞑想というと、何か特別なものに感じるかもしれませんが、ペットークで取り入れている瞑想法は、「今」に集中するためのもので、難しいものではありません。

第3章でご紹介した**「五感と第六感を鍛える練習法」**を思い出してください。

目をつぶり、イメージの中でものを見たり、聞いたり、嗅いだりする練習をしましたよね。

この時に、あなたは嫌なことや心配ごとを同時に考えていましたか？

イメージを膨らませている時は、頭で考えている自分から離れ、今この瞬間に感じている感覚だけに集中することができます。

すでにお話ししたように、ペットは「今」に生きる動物です。過去のことはほとんど覚えていません。一方の人間は、「過去」の記憶にこだわる動物です。

瞑想して「今」に集中することで、過去にこだわる人間の感覚から離れ、今を大切にするペットと同じ感覚になることができるのです。

瞑想は、できるようになるまでにある程度の練習が必要です。

もちろん、最初からできるという人もいますが、ほとんどの人はうまくできないものです。

でも、そこで諦めずに繰り返し練習していきましょう。**毎日続けるうちに心が静まり、「今」に集中する感覚がわかる**ようになると思います。

瞑想をする際の心を静める方法については、第6章でご紹介する**「7つのビタミン」**がとても参考になると思います。

読んでいただくと、心が安定するだけでなく、毎日がもっと楽しく感じられるようになるはずです。

## 「あつし流」瞑想のやり方

瞑想というと、正しい姿勢で行い、姿勢が崩れると、後ろからお坊さんに叩かれるようなものをイメージされる人が多いですが、私の瞑想のやり方はそれとは少し違います。

私が行う瞑想の基本的な考え方は、とにかく「楽」にやるということです。ペットとお話しする時に、自分自身にできるだけストレスをかけないことが大切なのです。

まずは、基本的な姿勢と呼吸法を体験してみてください。

**★瞑想の姿勢**

正座をしたり、坐禅を組んだりする必要はありません。

それよりも、10分間座っていても楽だなと感じられる姿勢で行ってください。後ろにもたれるのもOKです。

体が痛くなると、痛みに集中してしまい、意識が頭に戻ってしまうので、ストレスのないリラックスした姿勢をとることが必須です。

ただし、ゴロンと横に寝ることだけはやめてください。

この状態で目を閉じて瞑想しようとすると、本当に寝てしまいます。私もこれで、何度も失敗したことがあります。

## ★瞑想する時の究極の呼吸法

深呼吸というと、「思い切り吸って思い切り吐く」というイメージがあるかもしれません。でも、大きく呼吸すると肺の下にある横隔膜が大きく動きます。

つまり、筋肉を緊張させているわけです。どこかに緊張を感じながらでは、瞑想に集中できないのです。

私がおすすめする究極の呼吸法は、口でも鼻でもどちらでもいいので、音が鳴らないくらい静かにゆっくりと息を吸って吐くという方法です。

鼻と口、どちらで呼吸していいかわからない人は、頭で考えず、体に任せてみてください。自然と呼吸をしているはずです。

実践方法をＹｏｕＴｕｂｅでもご紹介しているので、ぜひ、そちらも参考にしてみてくださいね。

↓詳しくはこちら

### ★瞑想の種類

瞑想にはいろいろな種類があります。

これからいくつかの瞑想法をご紹介していきますが、どれも目的は同じで「頭から離れる」ことです

一通り実践してみて、自分に一番しっくりくる方法を選ぶといいと思います。

## 瞑想法1　地球の中心とつながる「グラウンディング」

グラウンディングには「地に足をつけて生きる」という意味があります。

今の世の中、インターネットの普及でバーチャルとリアルの境目がわかりにくくなっています。

さまざまな情報の中で浮足立った状態とも言えるかもしれませんね。

そういう時にグラウンディングをすると、地に足がついたように心を落ち着けることができます。

私もペットとお話しする前にはこの方法で心を静めています。

瞑想の中でも一番基本的な形なので、少し詳しくご説明しましょう。

**［グラウンディングのやり方］**

①　まず、環境を整えます。
できるだけ静かな空間で、リラックスした体勢をとり、瞑想しましょう。

体が痛くならないような椅子やソファーに座ることをおすすめします。

②　手は膝の上に、足の裏はしっかり地面につけます。

③　目を閉じて体の力をすーっと抜いてリラックスしながら、ゆっくり軽く深呼吸を

します。

息の吸い方吐き方も、自分が楽だなと感じる方法で大丈夫です。

④ 頭にある意識を、喉↓胸↓お腹↓お尻とゆっくり下に下ろすイメージをしましょう。

⑤ お尻から木の根っこやコードが出ているとイメージし、それが伸びて椅子を通り、地面から土の中を抜け、どんどん加速しながら地球の中心まで一気に意識が到達するイメージをします。
実際の地中は真っ暗ですが、ちょっと明るい状態を思い描くようにします。例えば、モグラのように柔らかい土の中をスイスイ掘り進めているようなイメージをしてみましょう。

そのまま進むと、だんだん太陽のような明るい光が見えてきます。

さらに進むと、その光に包まれた状態になります。その場所が地球の中心です。

⑥ コンセントにプラグを挿してつなげるように、地球の中心としっかりつながって

いることをイメージします。

どんなイメージでも大丈夫です。

今、自分が地球の中心にいて、深くつながっていると感じてください。

⑦ 地球の中心とつながった感覚を楽しみましょう。
イメージは人それぞれです。

例えば、白く光り輝く何かが見えるような感覚や、黄金に輝く光に包まれるような感覚かもしれません。

そこで何が見えるのか、聞こえるのか、どんな匂いがするのかなど、五感で感じてみてください。

なんとなくでも感じられれば、それでＯＫです。

⑧ いろいろな感覚を楽しんだら、来た道をたどって戻っていきます。
地球の中心から土を通り、地面に出て、お尻↓お腹↓胸↓喉↓頭と戻って目を開けます。

## 瞑想法2 太陽とつながる「サンニング」

地面から地球の中心に進んでいくグラウンディングとは対照的に、「サンニング」は地球を飛び出して太陽とつながりに行く、というものです。

私の生徒さんの中では、「グラウンディングよりサンニングのほうがやりやすい」と言う人の割合が多かったと思います。太陽は直接目にできるけれど、地球の中心は見ることができないからです。

ただ、最初から決めつけず、どちらも練習してみましょう。その上で自分に合うものを見つけていただければと思います。

**［サンニングのやり方］**

① まず、環境を整えます。
できるだけ静かな空間で、リラックスした体勢をとり、瞑想しましょう。
体が痛くならないような椅子やソファーに座ることをおすすめします。

②
手は膝の上に、足の裏をしっかり地面につけます。

目を閉じて体の力をすーっと抜いてリラックスしながら、ゆっくり軽く深呼吸をします。

息の吸い方吐き方も、自分が楽だなと感じる方法で大丈夫です。

③
頭にある意識が、頭から抜けて天井↓屋根↓空↓宇宙と、加速しながら進み、太陽に到達するイメージをします。

どんなイメージでも大丈夫です。

今、自分が太陽のすぐ前にいることを感じてください。

④
太陽の中で何が見えるのか、聞こえるのか、どんな匂いがするのかなど、五感で感じてみてください。

なんとなくでも感じられれば、それでOKです。

⑤
いろいろな感覚を楽しんだら、来た道をたどって戻っていきます。

太陽から宇宙↓空↓屋根↓天井↓頭と戻って目を開けます。

## 瞑想法3 自分と地球と太陽を一つのラインでつなげる「センタリング」

センタリングは、グラウンディングとサンニングを掛け合わせたものです。太陽と地球と自分を結ぶことで、心を安定させます。

### [センタリングのやり方]

① まず、環境を整えます。
できるだけ静かな空間で、リラックスした体勢をとり、瞑想しましょう。
体が痛くならないような椅子やソファーに座ることをおすすめします。

② 手は膝の上に、足の裏をしっかり地面につけます。
目を閉じて体の力をすーっと抜いてリラックスしながら、ゆっくり軽く深呼吸をします。

息の吸い方吐き方も、自分が楽だなと感じる方法で大丈夫です。

③　まず、グラウンディングを行います。
頭にある意識を、喉↓胸↓お腹↓お尻とゆっくり下に下ろし、さらに地面↓土の中↓地球の中心に進みます。

地球の中心を楽しんだら、来た道を戻ります。

④　そのまま続けて、サンニングを行います。
頭に戻ってきた意識を天井↓屋根↓空↓宇宙、そして太陽にと進めます。
太陽の中や周辺を楽しんだら来た道を戻ります。

⑤　太陽から戻ってきた意識を、喉↓胸↓お腹まで下ろし、地球の中心と太陽と自分が真っすぐつながっていることをイメージしてください。

⑥　イメージを味わったら、お腹↓胸↓喉↓頭と戻って目を開けます。

第４章
さぁ、ペットと話してみよう！

瞑想にはこの他にもいろいろな種類があります。

太陽を見にいく「サンニング」のように、月に行く瞑想もありますし、代わりに火星や水星に行ってもいいですね。

また、地球をぐるりと回って、アメリカ、イギリス、オーストラリアなど、どこでも好きな場所に意識を飛ばして旅行するという方法もあります。

まずは、本章でご紹介した**「グラウンディング」「サンニング」「センタリング」**の3つをできるように練習していきましょう。

よく瞑想をする時間の目安を聞かれるのですが、だいたい**5分程度**とお答えしています。

ただし、絶対に5分でなければいけないわけではなく、自分がもっと続けたいと思えば続けてもいいし、反対に、気が乗らない時にはやめてもいいのです。

自分の気持ちに素直に従うことが大事です。

## 瞑想に自信が持てないあなたへ

実際に瞑想をしてみると、最初の頃は感覚があいまいで、**「本当に地球の中心に行けているのかな？」「真っ暗で何も見えなかった」**など、不安な気持ちになるかもしれません。

でも、大丈夫。これは誰もが通る道なのです。

人によって早い段階からできるようになる人もいますし、ある程度練習を積まないと実感できない人もいます。

ただ、なかなかできないという人も、この後でご紹介する「７つのビタミン」を読んで実践するとできるようになります。

このおかげで、私の生徒さんの中には、「練習したのにできなかった」という人は一人もいません。

なかなか実感できないという人も「私はできている」と自分を信じてそのまま練習

を続けていくと、「あ、この感覚だな」とわかるようになります。

また、これらの瞑想法は、心を安定させるだけなく、嫌な過去や未来への不安を消して集中力を上げ、あなたの能力を開花させることもできます。

ペットとお話ができるようになったり、自分の内なる声が聞けるようになったり、決断力や判断力が向上したりするなど、いろいろな効果が期待できます。

瞑想は普段の生活にもとても役立つものなのです。

最初からいろいろなことを期待しすぎると、「あんまり変わっている感じがしないな」と、続けるモチベーションが下がってしまうので注意は必要ですが、瞑想を行うことで自分の力がもっと磨けると思うと、ワクワクしてきませんか？

ぜひ、**「今日はどんな感覚があるのかな」「新しい発見があるかも」**と、今に集中して瞑想することを楽しんでください。

練習を続けるうちに、ある日ふと気がつくと、以前とは違う自分を実感できるはずです。

## ペットトークを試してみよう

ここからは、実際のペットトークの方法を説明していきますね。

ペットのいる世界と周波数を合わせ、会話を楽しんでいきましょう。

ここで一つ注意していただきたいのは、ペットトークを始める時にはテンションを上げすぎないことです。

大好きなペットとお話しできると思うと、気持ちが盛り上がるのは無理のないことですが、あまりテンションが上がってしまうと心が波打って、かえってペットとつながりにくくなってしまいます。

大事なのは静かで穏やかな心の状態を作ることです。瞑想で心を静め、ペットに会いに行きましょう。

### ★ペットトークの準備

ペットトークを始める前に、準備するのは次の２つです。

**（1）リラックスできる環境を整える**

瞑想をする前の準備と同様です。静かでリラックスできる環境で行うようにしてください。

**（2）会いたいペットの写真やプロフィールを確認する**

自分のペットには必要ないですが、他の人のペットとお話しする場合は、瞑想の前に写真やプロフィールを確認します。

ペットを呼び出している途中で写真やプロフィールを何回も確認する人がいるのですが、それでは深い瞑想状態を保つことができません。

潜在意識では一度見れば十分です。「一度確認したから大丈夫」と、自分を信じてください。

## ペットークの実践法

準備ができたら、ペットークのスタートです。

ココちゃん
ココちゃん
ココちゃん

## 【1】 瞑想する

グラウンディング、サンニング、センタリングのいずれでもいいですし、組み合わせていただいても構いません。

自分が一番楽にできる瞑想法を選びましょう。

瞑想し、頭に戻った意識を喉↓胸↓お腹に下ろしたところをイメージした状態でペットトークを始めます。

## 【2】 会いたいペットを思い浮かべ、呼び出す

ペットの姿をイメージしながら、心の中で「○○ちゃん」と名前を3回繰り返します。

そして、「来ているなら、鳴いたり、音を立てたり、何か合図をしてくれる？」とペットにお願いしましょう。

ペットによっては、パッと何かの映像を送ってくれることもあるのですが、大抵の合図はとてもあいまいで、気配も「なんか来ているかな？」と感じるくらいのものです。来ていると信じて、とにかく続けましょう。

初めのうちは、感覚がつかめずに「これでいいのかな?」と心配になると思いますが、繰り返し練習するうちにだんだんわかってきます。

呼び出したペットの気配がつかめなかったとしても、「ダメだ、わからない」と諦めず、「来てくれている」と信じて次に進んでください。

結果、これが感覚を磨いていく一番の方法なのです。

## 【3】ペットとお話しする

ペットとの会話も、人間と同じように「礼に始まり、礼に終わる」ことを大切にしてください。

誰だって失礼な人とはお話ししたくないですよね。ペットも私たちとの会話が楽しければ、また話したいと思ってくれます。

会話を始める時は、まずあいさつから。

そしてお話をして、お別れの時にもきちんとあいさつをして会話を終わりにしましょう。

お話のポイントは、次の内容を参考にしてくださいね。

## ペットークでお話しする時のポイント

ペットと話す時には、いくつか気をつけてもらいたいポイントがあります。これらを参考に、お話しする内容を事前に考えておくといいでしょう。

**〈ポイント1〉最初の印象が肝心！**

呼び出されたペットは、「誰？　何が起こったの？」「これから何が始まるの？」と緊張しています。

最初にこちらからあいさつして、場の雰囲気を和ませましょう。

人間関係でも、第一印象は大事ですよね。

好印象だとその後の会話も楽しく進みますが、印象が悪いと会話も続きません。ペットとのお話もそれと同じなのです。

自分のおうちのペットなら、「どう？　元気？」「今、いい？」というカジュアルなあいさつでOK。普段家族と話すような感じで話せば大丈夫です。

一方、他の人のペットや野生動物にあいさつをする場合は、最初に「初めまして。私の名前は〇〇〇って言うよ。調子はどう？」などと自己紹介をしてお話を始めてくださいね。

### 〈ポイント2〉質問はわかりやすく

人と人の会話でも、答えやすい質問と答えにくい質問がありますよね。はじめの質問が答えにくいと、その時点で嫌になってしまいます。

ペットとの会話も最初は簡単に答えられるようなものから始めましょう。答えやすい質問は、「はい・いいえ」ですぐに判断できるようなものです。

例えば、次のような体調やお天気に関する質問がおすすめです。

「今、お話しして大丈夫かな」

「元気かな？」

「暑くない？（寒くない？）」

「お腹すいてない？」

「どこか痛いところはない？」

簡単な質問は、あなたにとってもペットにとってもウォーミングアップになります。少し慣れてきたら、ポイント4に出てくる深めの質問をしていきましょう。

### 〈ポイント3〉質問は一つずつ

一度にいくつも質問すると、ペットも混乱してしまいます。前にお話しした通り、ペットは「今」を生きているので、脳に何かを記憶することが得意ではありません。次々と質問すると、「次はなんだっけ？」となってしまいます。

どのような質問もたずねるのは一つずつ。返事をもらってから次の質問に進みましょう。

### 〈ポイント4〉その子だとわかる質問

天気や体調の質問は、その子が誰であっても「はい・いいえ」で答えられてしまいます。本当に会いたいペットとお話しできているかどうか、その子にしかわからない質問をするといいでしょう。

自分のおうちのペットなら感覚でわかると思うのですが、他の人のペットの場合には、この質問を飼い主さんと答え合わせすることで、本当にその子だったかどうかがわかります。

例えば、次のような質問です。

「好きな食べ物は何?」

「飼い主さんはどんな人?」

「どんな遊びが好き?」

「おうちでお気に入りの場所は?」

「お散歩に行くのはどこ?」

そして、ペットから返ってきた返事によって、さらに「どうして好きなの?」「そこでどんなふうに過ごすの?」などと聞いていくと、会話が広がっていくと思います。

**〈ポイント5〉責めるような質問をしない**

ペットと暮らしていると、トイレを失敗する、いたずらが止まらないなど、「なんで、こんなことをするの?」と言いたくなる場面もありますよね。

実際に、私にペットとの会話を依頼してくださる飼い主さんの中にも、トイレやいたずら問題の質問はとても多いのです。

でも、これは人間目線での考え方。ペットにしてみれば何か理由があるのかもしれません。誰だって頭ごなしに責められたら嫌な気持ちになります。ましてや初めてお話ししている相手から指摘されたら答える気も失せてしまうでしょう。

トイレやいたずら問題の質問は、あくまでペットを理解するためのものと考えましょう。「してしまった」ことよりも「どうしてほしいのか」を聞くことで、原因が見えてきます。例えば、

「トイレでおしっこしないのは、何か理由があるの？」

「柱を噛むのは何か理由があるの？」

「いたずらするのは、何か言いたいことがあるの？」

こちらが理解を示そうとすれば、ペットもこちらを理解しようとしてくれますし、自分をわかってくれるなら直そうかなと考えてくれます。

**〈ポイント6〉決めつけた質問をしない**

人は、頭の中にいろいろな情報があって、「こんな人は幸せ」「こんな人は不幸」な

ど勝手に決めてしまいがちです。

でも、経済的に豊かでなくてもすごく幸せという人はいますし、ものすごいお金持ちでも幸せを感じられないという人もいます。

結局のところ、その人の気持ちはその人にしかわからないのです。

ペットの気持ちに寄り添おうとして、「きっとこう思っているんじゃないか」「こう感じているに違いない」と感情移入しすぎると、決めつけた質問をする人が多くなります。

「大変だよね？」「うれしいよね？（悲しいよね？）」「不安だよね？」などと、相手の同意を求めるような質問をすると、ペットの本当の気持ちがわかりにくくなります。

ペットだって自分の気持ちを勝手に決められては面白いはずがありません。

あくまでペットの気持ちを大切に。本当の声に耳を傾けていきましょう。

## 〈ポイント７〉答えを急かさない

ペットの性格は十人十色。これも人と同じですよね。

面白いもので、ペットの中にはこちらの心を先読みし、質問する前から答えを返してくるような子もいます。ですが、反対にゆっくり考えてから答える子もいます。

ペットの性格がわかるまでは、質問に対してすぐに返事がなくても、焦らずに10秒から30秒は我慢して返事を待ってあげましょう。

答えがないからと次々質問すると、ペットはどれに答えていいのかわからなくなります。

その子に寄り添い、待つ時間も「この子はおっとりさんだなぁ」と一緒に楽しんであげてください。

また、30秒以上待っても答えが返ってこない時は、ペットが質問の意味を理解できていないか興味のない質問だった可能性が高いです。

質問の方法や使う言葉を少し変えてみると、答えてくれることもあります。

**〈ポイント8〉楽しかったと思えるお別れを**

ペットとの会話を楽しんだら、最後にお礼を言ってお別れのあいさつをします。

ごく当たり前のことなのですが、実は私も最初にペットとお話を始めた頃は、会話するだけで疲れてしまい、会話の後にそのまま目を開け、強制終了してしまうことが結構ありました。

これでは、せっかく話しにきてくれたペットもがっかりですよね。次からは呼んでも応えてくれなくなるかもしれません。

会話を終えたら、「今日はありがとう。話ができて楽しかった。さようなら」「今日は会えてよかったよ。ありがとう。またね」と、こちらから終了のあいさつをしましょう。

そうすれば、ペットも「楽しい会話ができたな」と感じてくれるはずです。

お互い、今日の会話を楽しかったと思えるような終わり方ができるのが理想ですよね。

いかがでしたか？

瞑想からペットークという実践、ぜひ試してみてください。

すでに何度も書きましたが、最初からスムーズにできる人はほとんどいません。

最初は「これでいいのかな？」という手探り状態で始まると思います。

ですが、**「できている」と信じて続けることで、だんだんと感覚がつかめる**ようになってきます。

一番いけないのは、「やっぱりできない」「どうせ私には無理なんだ」という自分を否定するようなマイナスの感情を持ち込むこと。

第2章で書いたように、潜在意識は、「もう一人の自分」です。

自分で自分を否定していると、潜在意識は応援してくれないのです。

「できている」と信じて、繰り返し練習をしてくださいね。

# 第5章

# あなたのペットは なんて言っているの？

## ペットもあなたと話がしたい

ペットたちは、**口で言葉を話さなくても、心にいろいろなメッセージを送ってくれます。**実際にペットとお話しできるようになると、こんなに豊かに気持ちを表してくれるのかと感動するほどです。

この章では、私がペットとお話しした中で、とても印象的だったものをいくつかご紹介したいと思います。

ある猫ちゃんとお話しした時のことです。

飼い主さんから「この子の気持ちを知りたい」と依頼されてペットークを行いました。私が、

「今、どんなところで過ごしているの？」

と聞いてみると、猫ちゃんは

「じゃ、私についてきて」

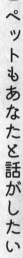

と言い、私に自分のイメージを送ってきてくれました。

実際の目で見ているわけではないですが、頭の中に猫ちゃんの姿が動画のように映し出されてくるのです。

猫ちゃんはそのままスタスタと歩いて和室に入り、床の間の柱の前で

**「ここが私のお気に入りの場所なの！」**

と、教えてくれました。

そのことを飼い主さんに伝えると、

「そうです！　この子はいつもそこで寝ています！」

と、とても驚いていました。

ペットが自分のお気に入りの場所を教えてくれるのは、それほど珍しいことではないのですが、この猫ちゃんが興味深かったのは、私とお話しした後の変化です。

後日、飼い主さんからうかがったお話によると、私とお話しして以来、猫ちゃんがトイレを外さなくなったと言うのです。

このお話を聞くまで、猫ちゃんにそんな問題行動があるなんて、全く知りませんで

した。
ペットークでもトイレのことには全く触れていなかったのに、どうして猫ちゃんはトイレを外さなくなったのでしょう。

私なりにいろいろ考えて、行き着いた結論は**「ペットも話を聞いてもらいたかった」**ということでした。

ペットたちも飼い主さんに伝えたいことがいっぱいあるのです。

この猫ちゃんは、私とお話しすることで、

「私の言いたいことが伝わった！　わかってもらえたんだ！」

とうれしくなり、気持ちが落ち着いたのだと思います。

飼い主さんに何かを伝えたくてトイレを外してしまうペットはたくさんいますが、人間と話せたことでそれがなくなったという例はとても珍しいものでした。

この猫ちゃんは、よほど飼い主さんとお話がしたかったのでしょうね。

その橋渡しができたことは、私にとってもうれしい経験になりました。

## わかってほしい！　僕の気持ち

ある時、アメリカに暮らすご夫婦から、飼っているワンちゃんと話してほしいと依頼をいただきました。

ワンちゃんが奥さんに懐かず、散歩に行くとリードをぐいぐい引っ張って先に行こうとするので、「どうしてそんなに引っ張るのか、理由を聞いてもらえますか？」とのことでした。

私がワンちゃんに、

「お母さんが、散歩の時にリードを引っ張らないでほしいと言っているけど、引っ張るのはなぜなの？」

と聞いてみると、ワンちゃんは、

**「違うよ！　引っ張っているのはお母さんのほうだよ。僕の好きなところに行かせてほしいのに……」**

という答えが返ってきました。

この話を聞いて、ワンちゃんと奥さんとの関係がうまくいっていないなと感じました。そこでワンちゃんに、**「一番関係の深い人は誰？」**と聞くと、**「お父さん」**と答えが返ってきたのです。

このワンちゃんは、ご主人が結婚前から飼っていて、結婚したことで奥さんも一緒に暮らすようになったそうです。つまり、ワンちゃんにとって奥さんは、ご主人との生活に途中から入ってきた存在でした。

結婚前は、ご主人がワンちゃんの散歩をしていましたが、結婚後は、ご主人が仕事に出掛けている間に奥さんが散歩するようになりました。

そのため、散歩の道順や歩くスピードが変わってしまい、ワンちゃんは**「したいことをさせてもらえない」**と感じていたのです。

奥さんは「ワンちゃんが引っ張る」と言いますが、そう感じるのは、ペットを自分のペースに合わせようとしているからです。

ペットの気持ちに合わせるようにすれば問題行動は起きないし、お互いがもっと散歩を楽しめるようになるはずです。

## オウムが教えてくれた驚きの好物とは？

ペットとお話しする時、ペットと飼い主さんの関係でなければわからない質問をいくつかします。

なぜなら、ありきたりな質問では、**「本当にペットと会話ができているの？」**と信用してもらえないからです。

好きな食べ物だったり、好きな場所だったり。

後で飼い主さんと答え合わせをしてみると、「そうです！　そうです！」となって、本当にペットと会話していると実感してもらうことができます。

これまでたくさんのペットとお話をしましたが、このオウムとのお話は、「まさか、そんなはずはないよね？」と驚いたので、よく覚えています。

オウムといろいろお話しする中で、

**「好きな食べ物は何？」**

と聞くと、

**「お茶漬け」**

という声が聞こえました。

**「え？　お茶漬け？」**

オウムがお茶漬けを食べるなんて聞いたことがありません。


お母さんの好きな食べ物を教えてくれたのかなと思い、「飼い主さんはお茶漬けが好きなんですか？」と聞くと、「いいえ、私はお茶漬けは好きではありません。お茶漬けが好きなのはこの子です」という返事が返ってきて、「すごいですね！」と、飼い主さんもびっくりされていました。

飼い主さんに話を聞くと、数年前に娘さんがお茶漬けを食べていた時に、オウムが食べたがったので試しにあげてみると、興奮して食べていたそうです。

オウムは、それ以来「またお茶漬けを食べたいな」と思っていたようです。

オウムの食べ物といえば、ひまわりの種やカボチャの種、とうもろこしなどの穀類、鳥専用のごはんなどが一般的だと思うのですが、まさかお茶漬けとは思いもよりませんでした。

会話をした翌日、飼い主さんが「オウムがお茶漬けを食べた時のものです」と、動画を送ってくれました。

本当に一粒ずつくちばしでつまみながら食べていて**「オウムもお茶漬けを食べるんだ……」**と改めて驚きました。

こんな答えは、ペットと飼い主さんにしか絶対わからないですよね。

ペットたちとお話しすると、こんな面白い発見もあるのです。

このエピソードはＹｏｕＴｕｂｅにもアップしているので、気になる人はご覧になってみてください。

↓詳しくはこちら

## 恋する猫ちゃんのお話　パート1

**ペットも恋をする？**

答えは、もちろんイエスです。

しかし、大抵はペット同士で恋愛をするのですが、たまに、飼い主さんに恋をするペットもいるのです。

オーストラリアに住む、あるカップルと猫ちゃんのお話です。

飼い主さんがアニマルシェルターを訪れた時、彼の足元に1匹の猫ちゃんがすり寄ってきたそうです。その猫ちゃんに運命を感じ、シェルターから引き取って飼い始めました。

その後、しばらく経ってから彼女と一緒に暮らすことになったのですが、彼女が彼のそばに行こうとすると、猫ちゃんが怒ると言うのです。

そこで、「なぜ彼女に怒るのか、理由を聞いてほしい」と、私に連絡をくれました。

私が猫ちゃんに飼い主さんとの関係を聞いてみると、

**「恋人！」**

という答えが返ってきました。

ペットに飼い主さんとの関係を聞くと、普通は「縁が深い人、好きな人」という答えが返ってくるのですが、この猫ちゃんは彼のことを恋人、自分の彼氏だと思っていました。

そして、彼女のことは自分の恋敵だと思っていたのです。

私が飼い主さんに、

「この猫ちゃんは、あなたのことを彼氏だと言っていますよ」

と伝えると、彼の答えは「やっぱり！」でした。飼い主さんも、そのことを感じ取っていたのです。

そして、

**「この猫ちゃんには、恋人のように接してくださいね」**

と、私が言うと、彼は笑顔で「もうやっています」と答えました。

私が間に入ってお話ししなくても、飼い主さんはペットの気持ちに気づいていたのですね。

彼女に対する猫ちゃんの気持ちは、残念ながら猫ちゃんの恋心が治まらない以上、彼女に対するヤキモチは治まらず、仲良くなるのは難しいと思います。

ただ、飼い主さんたちが猫ちゃんの気持ちを知ることで、彼女も割り切って猫ちゃんと付き合うことができるようになるのではないでしょうか。

## 恋する猫ちゃんのお話　パート2

正直なことを言うと、実際に猫ちゃんの恋心がわかった後も、私の頭のどこかには**「ペットが人間に恋をする？　そんなこと本当にある？」**という気持ちがありました。

その疑いがすっきり晴れたのは、他の飼い主さんから依頼を受けて猫ちゃんとペットークをした時のことでした。

私に相談してこられたのは、飼い主さんの息子さんです。

状況をうかがうと、ご両親が数年前に離婚され、猫ちゃんはずっとお父さんと暮らしてきたそうです。

ところが最近になってご両親の関係が良くなり、お母さんがひんぱんに家に遊びにくるようになりました。

すると、お母さんが家にいる時に、猫ちゃんが何の前触れもなく、突然お母さんに噛みつくようになったと言うのです。

お父さんも息子さんも、その理由は全くわかりません。そこで噛みつく理由を聞いてほしいとのことでした。


猫ちゃんにお父さんとの関係を聞いてみると、先ほどのオーストラリアの猫ちゃんと同じように、**「私の彼氏よ」**という返事でした。

そして、**「なぜお母さんに噛みつくの？」**と聞くと、**「お父さんのそばに近寄ろうとするからよ！」**と、怒ったように言っていました。

息子さんは、意味もなく突然噛みつくと言いましたが、猫ちゃんがお母さんを噛むのは、お父さんのそばに近寄ろうとした時だったのです。

お母さんも事情がわかれば、猫ちゃんの前ではお父さんに近づかないなど、行動を工夫することで今後噛まれることはなくなるでしょう。

この話を息子さんからお父さんに伝えてもらうと、「自分のことをそんなに大事に思ってくれていたのか」と、お父さんはうれしそうだったようです。


ペットたちはとても純粋ですから、恋愛に対してもまっしぐらです。好きな人のことしか見えなくなってしまうのですね。

この手のご依頼で面白いのは、困りごとがあって依頼をしてこられたはずなのに、**「あなたに恋しているからです」**と伝えると、飼い主さんがなぜか笑顔になることです。

誰だって「好き」と言われるのはうれしいですよね。

## 死ぬことよりも、痛いのが嫌

飼い主さんが「ペットと話がしたい」と思う場面のナンバーワンは、ペットが不調の時だと思います。

なんとなく食欲がなかったり、元気がなかったりしていると、体の調子が悪いのかどうか、教えてほしいと思いますよね。

私がアニマルコミュニケーションの仕事を始めた頃は、病気になったペットと話してほしいと言う依頼がたくさんありました。

あるシニアのワンちゃんは、年齢とともに目が見えにくくなり、寝ていることが多くなりました。

そんなワンちゃんを心配した飼い主さんから、**「何をしてあげたらいいのか知りたいんです。今どう思っているのかを聞いてもらえませんか？」**と、依頼をされたことがありました。

実際にワンちゃんに聞いてみると、

「別になんとも思ってないよ。やってほしいことも特にないよ」

と答えてくれました。

また、ある時は、病気で片脚をなくしたワンちゃんに、気持ちを聞いてほしいと頼まれたこともありました。
飼い主さんは、片脚がなくなって大変だろう、つらいだろうと思っているのですが、ワンちゃんに聞くと、

**「ちょっとおかしいかな？　でも、歩けるから大丈夫」**

という答えでした。

人間は「病気になって大変」とか「治らなかったらどうしよう」などと考えたりしますが、ペットは今だけを見て生きているので、先のことを考えて悩んだり、心配したりしません。
現状のままの自分で普通に暮らし、その先に死があったとしても、自然に受け入れるのです。

ワンちゃんだけでなく、他のペットたちに気持ちを聞いても、

**「飼い主さんと過ごせているし、楽しい気持ちは変わらないよ。今のままでいいよ」**

そんなふうに返事をくれる子がほとんどでした。

そして、自分の状態よりも、

「自分が病気になったことで、お父さん、お母さんが悲しむのは嫌だよ」

「病気のことは気にしないでね。今までのように歩けなくなっても、ちゃんと散歩に連れて行ってくれるじゃない。それでいいよ」

と飼い主さんを思いやるメッセージをくれたりします。ペットにも、飼い主さんが心配していることは、ちゃんと伝わっているのです。

ただし、病気やケガで痛みを伴う場合は、少し反応が違います。

ペットたちは「死ぬのは嫌」とは言いませんが、「痛いのは嫌」と強く主張します。人間は本当に大切な人やペットに、「死んでほしくない」と思いますが、ペットは「とにかく痛いのをなんとかしてくれ」と伝えてきます。

それは人間も一緒ですよね。

死が間近に迫ったペットとお話しすると、「早く楽になりたい」という子も多いですが、**「少しでも長く飼い主さんと一緒にいたい」**という子も少なくありませんでした。

ペットは痛いのは嫌だけれど、飼い主さんのそばにはできるだけ長くいたいのです。

## ペットに「無償の愛」を学ぶ

**ペットは、一人の人を好きになったら、その人のことを一生愛します。**いつも心の中で愛情を育み、大好きな飼い主さんと楽しく暮らしたいと思っています。

中には、飼い主さんの役に立ちたいという子もいます。

私の家にいるうさぎのしずかちゃんも、私の仕事を手伝いたいと言ってくれます。

そして、その言葉の通り、私のよきアドバイザーになってくれています。

なんとなく物事がうまく進まない時、しずかちゃんに

「○○ができないんだよね。どうしたらいいだろう」

と、相談すると、

「できないと思っているだけで、ちゃんとできているから大丈夫だよ」

と、励ましてくれます。

しずかちゃんのアドバイスを素直に受け入れられるのは、絶対に嘘をつかないと信頼しているからです。


人間のように過去の出来事にとらわれると、自分を隠そうと嘘をつくようになりますが、**ペットには今しかないので、嘘をつく必要がないのです。**

また、ペットには私たちの嘘がすぐにわかってしまいます。

目の前にいる犬や猫に、「猫は嫌いだな」「犬は苦手」などと心の中で思うと、それをテレパシーで感じ取り、「この人、私のことが好きじゃないんだ」と見抜くのです。

人間関係だって自分を嫌っている人をなかなか好きにはなれませんよね。


ペットも同じことです。

飼い主さんがペットと接する時にも、心の中で怒ったり、文句を言ったりすると、全部ペットに筒抜けになってしまいます。

そこから問題行動につながる可能性もあるのです。

ペットといる時には、

**「大好きだよ」**

**「いつもありがとう」**


と、愛情のこもった言葉を心の中で伝えてあげてください。

飼い主さんの愛情を感じると、ペットはさらに大きな愛情を返してくれます。

ペットークを身につけてペットとお話しできるようになると、お互いの気持ちをもっと理解できるようになり、大切なペットとの絆もさらに深まっていきます。

# 第6章

# ペットークに欠かせない7つのビタミン

# 心の健康にも必要なビタミンがある

体の健康には、ビタミンが欠かせません。どのビタミンが足りなくても、人は病気になります。それと同じように、ここでお話しする心のビタミンが足りないと心も病気になります。

ペットークができるようになるには心が健康な状態、つまり、心が安定していることが必要です。そのためにはいくつか必要な条件があり、それを**「心のビタミン」**と呼んでいます。

心に必要なビタミンは7つあり、これらが足りなくなると心のバランスが崩れ、安定を保てなくなってしまいます。ネガティブな考えに引っ張られてしまうのも、心のビタミンが不足している状態なのです。

**ペットークは、心を落ち着かせ、瞑想することで潜在意識にアクセスし、ペットた**

**ちとお話をします。**

すでにお伝えしたように、私たちの心には、普段から使っている「意識」と、あまり使われていない「潜在意識」があり、ペットとお話をするときには潜在意識の力が必要になります。

頭でコントロールしている「意識」はわずか３％、残りの97％は潜在意識が占めています。別の言い方をすれば、潜在意識は自分でも気づいていない「もう一人の自分」なのです。

## 「私にできるはずがない」
## 「そんな力が使えるはずがない」

こうした気持ちがあるのは、心のビタミンが足りないからです。

心のビタミンが不足していると、どんどんネガティブになり、潜在意識の力を使うどころか、潜在意識が悪いほうにさえ働いてしまうのです。

でも、もしもあなたが「私には、できないかも……」と感じているとしても、大丈夫です。

これからお話しする**「7つのビタミン」**を理解して実践できれば、必ず潜在意識を使えるようになります。

ぜひ、この後の「7つのビタミン」をよく読み、潜在意識の理解を深めてください。

私の「ペットーク講座」で、「瞑想してもペットとお話ができない」「話せているかどうかわからない」という人は、心が安定した状態にない場合がほとんどです。

そういう人たちも、「7つのビタミン」を理解すると、だんだんペットとお話しできるようになっていきました。

さらに言えば、心が安定することで、仕事や恋愛、人間関係にもいい変化が表れたという声もたくさん聞かれます。

「7つのビタミン」は、あなたの人生をいい方向に向かわせ、成功へと導いてくれる心の栄養なのです。

# 1つ目のビタミン「自分を好きになること」

**「自分を好きになる」**というと、「なんだ、そんなことでいいの?」と思われるかもしれませんが、これが一番大切なポイントです。

「あなたは自分が好きですか?」と聞くと、「はい」と答える人は、実は少ないのです。もしかすると、「自分を好きになりましょう」と言われると、「え? 自分は一人しかいないのに、どうやって?」と、不思議に思う人もいるかもしれませんね。


でも、私たちの中には、**潜在意識という「もう一人の自分」**がいるのです。

よく、スポーツ選手がより高みを目指して練習をするときに「自分との戦いです」と言ったりします。

戦いは相手がいるから成立するもので、一人ではできませんよね。つまり、これは「自分」と「もう一人の自分」の戦いなのです。

戦いと言っても、相手を攻撃するということではありません。

ここで言う戦いは、「もう一人の自分」、つまり潜在意識と向き合い、好きになるということです。

例えば、小さい子どもが「あれがしたい！」「これが欲しい！」とお母さんにねだったとします。

お母さんは、大好きなわが子のために「この子が望むなら、叶えてあげたい」と思うでしょう。

この小さい子どもを潜在意識に、お母さんを意識に置き換えてみてください。

**意識が潜在意識を好きなら、「〇〇したい！」と叶えるために応援**してあげようとします。そして、潜在意識を信じて応援してあげれば、潜在意識もそれに応えてくれます。

ところが、反対に意識が潜在意識を好きになれないと、「〇〇したい！」と思ったときに、「やっぱりやめておこう」「本当にやろうとしたら、お金も時間もかかるよね」と、何かと行動にブレーキをかけようとするのです。

同様に、意識が潜在意識を応援しなければ、潜在意識もそれに応えてくれません。

自分のやりたいことができないというのは、まだまだ本当の意味で自分のことを好きになったとは言えないのです。

しかも、やりたいことをやれないままにしていると、できない反動から他人に対して悪口や陰口を言うようになり、そんな自分に嫌気が差して、ますます自分を嫌いになってしまいます。

これでは心のバランスが安定するはずがないですよね。

## ＊ビタミンの処方箋＊

今よりも自分を好きになるには、まず**自分を責めない**ことです。

体でも同じことが言えます。健康を保つには、体の害になるものを食べないことこそが究極の健康法ではないでしょうか。

心も同様に、「ありがとう」などの良い言葉を使うよりも、「私なんて」などの自分を責める言葉を使わないことです。

次に大切なことは、**自分のことを最優先する**ことです。それは、自分を超えた存在がいなくなるということです。

「私なんて」の代わりに、**「自分はすごい！」「自分はなんでもできる！」**と言えるようになりましょう。

そうすれば、自分の世界の中の王様、女王様になれます。

そうすることによって、自分に自信が持てて、心のビタミンも満たされます。

自分を優先しないと、自分のことをあまり好きになれず、自分以外のものを一番にしてしまいます。

そして、一番の人や物が生きがいになり、それを失うと「ロス」になってしまうのです。ペットロスも、飼い主さんがペットを愛するあまり、自分よりもペットを優先してしまうために起こります。

自分よりも優先するものがあると、いずれにしても穏やかな気持ちではいられないでしょう。

まずは、大切な自分がいい気持ちでいるためにはどうすればいいか考えてみてください。悪口や陰口は、言っている本人もいい気持ちにはなれませんよね。

自分のことを好きな人は、**「大切な自分を怒らせるのはかわいそう」「大好きな自分にいい気持ちでいさせてあげたい」**という感覚で行動します。

こうした心がけで自分もいい気持ちで過ごせますし、周囲ともいい関係を持つことができるでしょう。

## 2つ目のビタミン「自由になること」

あなたは「自由」ですか？

そう聞かれたら、大抵の人は「はい」と答えますよね。

「自由」を辞書で調べると、人から支配されたりすることなく、自分の思い通りにできるといった説明が書かれていますが、ここで言う**「自由」**は**「させられないこと」**という意味で使っています。

よく「イライラする」と言いますが、自分からイライラしたいという人は、いないでしょう。

つまり、イライラは、「する」のではなく「させられている」のです。人にイライラさせられるというのは、不自由なことですよね。だって、**本当の自分は望んでいない**のですから。

ペットとお話ができないという人は、普段人やニュースなどから、イライラさせられたり、不安にさせられたりしていることが多いです。

「あの人にこうされた」「できなかったのは、この人のせい」と文句や悪口を言ってしまう。でも、それは自分が望んでいることではないはずです。

誰かとデートする時を例に考えてみましょう。

どこに行こうかと相談している時に、彼は映画を観に行こうと言い、彼女は遊園地に行きたいと言ったとします。

二人の意見が分かれてしまい、僕はこっち、私はこっちと、どちらも譲らなければケンカになってしまいます。

こうしたすれ違いから別れてしまうカップルもいるのではないでしょうか。

心が自由な人は、こんな時に「じゃあ、今回は遊園地に行って、次のデートは映画にしよう」などと、**相手にお先にどうぞと譲ることができる人**です。

彼女とぶつかってイライラさせられるのは、自分も彼女もかわいそう。それなら一歩引いて譲ってあげればいい。

そんなふうに考えて、行動ができるのです。

**＊ビタミンの処方箋＊**

あいさつされる前に自分からあいさつしたり、嫌なことを言われても気にしないようにしたりすることで、自由力がアップします。

**「させられるのではなく、自分から進んで行動する」**のです。

また、イライラした瞬間に、自分が「させられている」ということに気づくことも重要になってきます。

「させられる」ことから自由になれば、もっと楽に、楽しく生きられるようになります。もちろん、ペットとも楽しくお話ができるようになります。

## 3つ目のビタミン「三日坊主にならないこと」

潜在意識には、今を維持するという特徴があります。

第2章で「三日坊主」のお話をしましたが、新しいことを始めても三日坊主で終わってしまうのは、潜在意識が自分を守ってくれているからです。

例えば、体温が36度だったとします。昨日も、一昨日も、一か月前も、一年前も36度だったのではないでしょうか。これはどういうことかというと、体が体温を維持してくれているのです。

それと同じことは恋愛でも起こることがあります。ものすごく好きだったのに、パッと熱が冷めてしまった経験はありませんか?

これは、潜在意識が恋愛していなかった自分に戻そうとするために起こります。頭では恋愛したいと思っているのに、**潜在意識がそれをストップさせる**のですね。

頭は次々と新しいことを求めますが、潜在意識は今を維持しようとするので、三日坊主になるのです。

潜在意識の中にいる「もう一人の自分」は、まるでお母さんのような存在です。**「別に新しいことをしなくても、今まで通り生きていけばいいじゃない」「今まで通りやっていれば安心だよね」**と、メッセージを送ってくれているのですね。

やりたいことを止められた時に、普通は自分を責めてしまいますが、私は、こんなふうに「三日坊主」にしてくれる潜在意識にもっと感謝するべきだと思っています。なぜなら、潜在意識が危険から自分を守ってくれているからです。

そして、どうしてもやりたいことがあるときは、感謝をした上で応援を頼みましょう。

**＊ビタミンの処方箋＊**

潜在意識は新しいことを始めると反発するので、潜在意識に気づかれないよう少しずつ始めることです。

例えば、ダイエットで言うと、一気に食事制限をするとすぐにリバウンドしてしまうので、まずは1か月間、毎食ひと口だけ残すということをやってみてください。

**「たったそれだけ？」**と思う人もいるかもしれませんが、少しのことを続けられないのに、どうして多くのことを成功させられるでしょうか。

まずは、痩せることよりも続けるということを念頭に置いてください。

ダイエットも動物とお話しすることも同じで、継続がとても大切です。

## 4つ目のビタミン「完璧主義にならないこと」

あなたの周りに、**「自分はこうでなければ」**などと、なんでも完璧にこなそうとする人はいないでしょうか。

自分に完璧を求める人は、他の人にもそれを求めます。

もし、自分が完璧にできなかったとしても、人には完璧であることを求めてしまうし、できないと責めたりします。

こんなふうに、自分や周囲の人に対して怒ったり、責めたりするのは、本人にとっても決して気持ちのいいものではありません。

ここで、私の若い頃の苦い経験を少しだけお話ししましょう。

学生時代の私の恋愛は、いつも長続きしませんでした。

**「自分はもっとこうなりたい」**という高い理想があって、そこに近づきたくて、いろいろな本を読みまくっていたのですが、「なりたい」と思ってもなかなかその域に達することはできません。

そして、そんな私の想いを、付き合っていた彼女にも向けていました。

「もっとこういうふうにしてみたら？」とか「このほうがずっと良くなる」と、絶えず注意をしていたと思います。

私としては、大好きな彼女によかれと思ってアドバイスをしていたのですが、彼女にしてみれば、あれこれ注意されて面白いはずがありませんよね。

「あなたと一緒にいるのはしんどい」と向こうから別れを告げられてしまったことが何度もあります。

フラれて落ち込みもしましたが、当時の私は、自分にも完璧を求めていたし、もっと完璧な彼女と出会えるのではないかと思っていました。

本当は、世の中に完璧な人などいませんよね。そのことに気づかず、彼女には迷惑をかけてしまったと、今でも反省しています。

**＊ビタミンの処方箋＊**

完璧を求めると、完璧でないことが悪いことのように思えてしまい、自分や人を責めるようになります。

そこから抜け出すには、「人間は、誰もが不完全な存在である」ことを、受け入れることです。

「自分にできないこと」というのは、誰にでも絶対にあります。

これまでは、「自分は絶対に完璧にできるはず」と思っていたかもしれませんが、これからは、**「できなくてもしょうがないよね」「まぁ、いいか」**というように、考え方をシフトしていきましょう。

そうすると、自分にも他の人にも、「ちょっとできた」というだけで、すごいと思えるようになります。

「こうあるべきだ」と正義の剣を振りかざすヒーローになる必要はないのです。

「できないこともあるよね」と今の自分を受け入れ、周囲の人のことも受け入れてあげることで、自分自身がもっと楽に生きられるようになり、周囲とも今以上に良い関係を築けるようになります。

## 5つ目のビタミン「タイムトラベラーにならない」

人間は本当に賢い動物です。

脳が発達しているため、過去のことをよく覚えています。

過去の失敗から学び、現在や未来に生かすことができるのは、人間ならではの力と言えます。

一方、**ペットたちの脳は、過去を覚えることよりも、「今」に集中する**ように作られています。

よほど衝撃的な経験は覚えていたりしますが、大抵は忘れてしまいます。

例えば、ペットを捕まえようとして逃げられたとしましょう。ペットが捕まえられて警戒するのは、せいぜい1時間くらい。時間が経つとまた飼い主さんのそばに寄ってきて捕まってしまいます。

そこがかわいいところでもあるのですが、そのくらい過去のことは忘れていってしまうのです。

ペットにとっては、今が大事。**「今、楽しいことがしたい」「今、嫌なことはしたくない」**という感情の連続で生きています。

一瞬一瞬を生きているからこそ、過去をすぐに忘れてしまうのです。

潜在意識の世界も、ペットと同じように「今」しかありません。

例えていうなら、夢みたいなものです。

夢はだいたい目が覚めたら忘れてしまいますよね。今さっきまで見ていたのに、目が覚めたらどんな夢だったのかも思い出せません。

しかし、**普段の私たちは、過去のことを考えすぎています。**過去の嫌なことが忘れられず、それを何度も思い返したりします。

人は頭で過去の嫌なことを何度も思い出すと、潜在意識は、それが「今」起こっていることだと思い込み、嫌な感情を繰り返し味わうことになってしまいます。

誰かとケンカした時に、「お前は、この前もそうだった」「あの時、こうされた」と過去のことを持ち出すようになると、争いはさらにエスカレートしていきます。

しかも、過去に起きたことは変えられないので、何度でも同じ争いが起きてしまうのです。

**＊ビタミンの処方箋＊**

心を安定させるには、過去と現在を切り分ける必要があります。

そのためには、「今できることを考えて行動する」ことです。

実は、この言葉は私の座右の銘にもなっています。

人間はすぐに過去のことを考えてしまいますが、そんな時に、「じゃあ、今どうすればいいのかな」という考えがすぐに出て来れば、タイムトラベラーにならずに済みます。

例えば、子どもがいたずらをした時に、よくお母さんが「これ、誰がやったの？」「なんでこんなことをするの？」と言いがちですが、子どもたちは「今、やりたくてやっている」ので、過去のことを聞いてもわからないのです。

それよりも、同じことを繰り返さないようにするにはどうすればいいかを、みんなで考えて解決すれば、みんなが嫌な思いをしなくて済みますよね。

「過去」のことを持ち出さない。

**「あの時どうすればよかったのか」**ではなく、**「今、何ができるのか」**を考える。

こんなふうに今に集中することで、もっと問題が解決しやすくなるでしょう。

## 6つ目のビタミン「自分の目を気にすること」

例えば、電車で自分が座っている目の前にお年寄りが立っていたとします。彼女が一緒の時には「どうぞ」と席を譲るのに、一人でいる時には寝たふりをしてしまう。

これでは、席を譲るという優しい行動も、ただいい格好をしたいだけになってしまいます。

小さい頃から「人に迷惑をかけないように」と育てられた人は、人の目を気にするクセが身についていています。

そのために、人から悪く思われないように、

「こうすれば褒めてもらえるだろう」

「優しい人だと思われるだろう」

と、いい格好をしようとします。また、

「この人に、これを言ったら怒るかな？」

「こんなことをしたら、迷惑かな？」

と、あれこれ考え、「自分が我慢すればいい」と思ってしまうこともあります。そ

して我慢を重ねていくうちに、不満がたまって悪口や陰口を言うようになってしまいます。

これでは、心が健康とは言えないでしょう。

## ＊ビタミンの処方箋＊

人の目を気にしていい格好している自分を、一番近くで見ているのは「もう一人の自分」です。

好きな彼女にかっこいい行動を見せるためではなく、かっこいい姿をもっと「もう一人の自分」に見せてあげましょう。

そうすることで、**「自分ってすごい」「自分って素敵」**と、「もう一人の自分」に好かれ、応援してもらえるようになります。

人を優先してしまうと自分は後回しになってしまいます。

人ではなく、自分の目を気にすることで、自分に自信がつき、言いたいことやりたいことができるようになるのです。

## 7つ目のビタミン「今を楽しむこと」

ここまで何度もお伝えしているように、潜在意識には「今」しかありません。
「自分」が過去のつらい経験を思い出すたびに、潜在意識の中の「もう一人の自分」は、まさに今起こっているかのように、つらい想いを味わっています。

だからこそ、**過去にこだわらず、今を楽しむことに集中する**ことが大切なのです。

トップアスリートが試合の前にイメージトレーニングをするという話を聞いたことはないでしょうか？

その時の周囲の状況や、自分の感情まで情景をリアルにイメージすることで、潜在意識は、本当に1位でゴールして優勝したと勘違いし、本番でもそのイメージを実現するべく全力が出せるようになります。

また、その情景が自分の中でイメージできているから、実際の試合でも緊張することなく、普段通りの力を発揮しやすくなるわけです。


恋愛を例に、もう少し考えてみましょう。

憧れの人とデートするとなった時、緊張しすぎると失敗する確率が高くなります。

デートの前から「失敗して、嫌われたらどうしよう」と考え続けていると、緊張して話もろくにできなくなってしまいます。

すると、相手は会話もできずに面白くありませんし、「自分といても楽しくないのかな？」と感じて、距離を持たれてしまうこともあるでしょう。

緊張は、失敗するのではないかというマイナスの力が働いて、本当に失敗してしまうのです。

**＊ビタミンの処方箋＊**

緊張しないためには、どうすればいいでしょうか。

とにかく**今を「真剣」に楽しむ**ことを考えればいいのです。

例えば恋愛なら、二人の時間を真剣に楽しむイメージを膨らませていきましょう。

自分が楽しめる場所に行き、自分が楽しめる話をしてみてください。

すると、相手は「自分といると、こんなに楽しんでくれるんだな」と、次のデートにも誘ってくれる確率が高くなります。


**緊張には「失敗するかもしれない」というマイナスの想い**が込められていますが、**真剣には「成功するかもしれない」というプラスの想い**が込められているのです。

緊張したときは、真剣に今を楽しんでみてください。

そうすることで、潜在意識は「成功するんだな」と勘違いし、物事がうまく進むのです。


第16代アメリカ大統領のリンカーンは、「40歳を過ぎたら、自分の顔に責任を持て」と言っています。

若いうちは、生き方や苦労は顔に出ませんが、40歳を過ぎると顔に表れるようになります。人生を笑いながら過ごしている人は笑いジワができ、怒りながら過ごしている人は眉間にシワが刻まれます。

生き方によって、シワができる場所が変わるのです。

だからリンカーンは、顔に責任を持てと言ったのですね。

今のあなたがいくつであっても、ここでご紹介した「7つのビタミン」を理解し、実践することで、ペットと話ができるようになるだけでなく、今よりももっといい笑顔で、人生を楽しめるようになるでしょう。

# 第7章

# ペットはあなたを選んで会いにきた

## ペットの本音、わかっていますか？

私は、飼い主さんから「ペットに話を聞いてほしい」と依頼された時、こういう質問をよくいただきます。例えば、

**「何が好き？　何が嫌い？」**
**「ママのこと、どう思う？　パパのことは？」**
**「うちに来てよかった？」**

どれも飼い主さんとしては気になるところですよね。

でもペットの本音としては、初対面の人にいきなり「初めまして。ママのことをどう思う？」なんて聞かれたら、あまりいい気持ちはしないでしょう。

**ペットも人間と同じで、急に踏み込んだ質問をすると戸惑ってしまいます。**

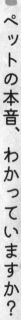

私はウォーミングアップを兼ねて「いい天気だね」とか「調子はどう？」といった、世間話から会話を始めるようにしています。

会話の中では、よく自分の話もします。

「調子はどう？　私はあまり良くないんだよね」

ペットが会話に乗り気なら、「どうしたの？」「なんで？」と、言葉のキャッチボールができるようになります。あるワンちゃんと話をした時は、

「もっとペットとお話をしたいんだけど、なんだかうまくいかないんだよね」と私が悩みを打ち明けると、「大丈夫だよ。ちゃんとできているじゃない。自分を責めないでね」などと励ましてくれました。

**自分が本音を話すことで、相手も本音を話せるようになるのは、人もペットも同じ**なのです。実際にペットとお話をしていると、飼い主さんはペットの本音に気づいていない場合が意外にあるのです。

ペットの好きな食べ物や遊びは、飼い主さんと答え合わせをした時に「そうです！この子はそれが大好きです」という反応をいただくことがほとんどですが、飼い主さ

んへの想い、伝えたいことについて聞いてみると、飼い主さんの想像していない答えが返ってきたりします。

ペットの予想外の答えに、「そんなふうに考えていたんですね」と、驚く飼い主さんが多いのです。

例えば、ペットがトイレを外したり、いたずらをしたりすると、不安になる飼い主さんもいるのですが、ペットからすると「トイレの場所を変えてほしい」「もっと一緒にいたいよ」などというメッセージを伝えたいということがあります。

毎日一緒に暮らしているのに、ペットのメッセージをきちんと受け取れていないのは、もったいないですよね。

ペットークでお話ができるようになると、**ペットからメッセージを受け取って本音が聞ける**ようになります。

そうすれば、ペットとのすれ違いがなくなって、ペットのいたずらや問題行動の理由も解明され、今よりもっともっと仲良くなることでしょう。

## 100匹のペットに聞いてわかったこと

以前、私のInstagramで、100匹のペットたちに去勢・避妊について聞いたことがあります。

自分のペットに聞いてみたいという飼い主さんを募集したところ、すぐに申し込みがいっぱいになり、数か月がかりでペットークを行いました。

その結果、ペットの**約6割が「できればしたくない」**という答え。**2割が「絶対に嫌」**で、残り**2割が「飼い主さんに任せる」**というものでした。

「絶対に嫌」という子は、去勢・避妊が嫌というよりも、怖いという子が多かったです。

「そんな怖いこと、嫌に決まってるじゃない。それは人間の勝手でしょ」と怒る子もいましたが、そういう子はあまり人に懐いていないようです。

「飼い主さんに任せる」と答えた子に話を聞いてみると、ほとんどの子が「よくわからないけど、長生きできるんだったら、飼い主さんに任せるよ」という気持ちでした。「飼い主さんが決めたことなら」という信頼があるからこそ、受け入れてくれるのですよね。

去勢も避妊も手術が必要です。

それを嫌がるか、受け入れるかは、ペットの性格や飼い主さんとの関係によって、かなり違ってきます。

ちなみに私自身は、ペットの去勢・避妊について、「しないで済むなら、それに越したことはない」と思っています。

例えば、多頭飼いをしているご家庭の場合は、去勢・避妊をしないとペットの数がどんどん増えてしまいます。

飼育崩壊になる可能性もあるので、飼い主さんとペットたちの生活を守るために、去勢・避妊をする必要がありますよね。

ただ、**去勢・避妊手術をすると決めた時は、そのことをペットに事前に伝えてあげてください。**

私がお話を聞いた100匹のペットの中には、すでに去勢・避妊の手術を受けたという子も何匹かいました。その子たちが言っていたのは「いきなり手術をされた」ということでした。

飼い主さんの選択であっても、ペットからすると**「病気でもないのに急に病院に連れて行かれて、目が覚めたら痛かった」**という状態です。

「私は病気なの？　何が起こったの？」

と、自分の身に起こったことが理解できず、混乱するばかりです。

病院に行く前に、なぜ手術をするのか、したらどうなるのかを、心の中でペットに伝えてあげましょう。

去勢や避妊だけでなく、病院にワクチン接種や病気の治療で行く時も、心の中でペットたちに伝えるようにしてください。

これから何が起こるのかがわかれば、ペットも少し安心できますし、ペットと飼い主さんの心のつながりもさらに深くなっていきます。

# ペットが飼い主を選んでいる

赤ちゃんが、お母さんを選んで生まれてくるという話を聞いたことはありませんか？

以前、前世の記憶を持つ子どもを取り上げたテレビ番組を見たことがあります。小さな女の子が、「お空の上からママを見て、この人がいいと思って生まれてきたんだよ」と話しているのを見て、私は「あぁ、これか。ペットも同じだよな」と、納得したことがあります。

ペットとお話をしていると、「パパ（ママ）に会いにきたんだよ」と話してくれる子が結構います。中には「僕とパパは前世でも出会っていたよ。その時は、僕は犬じゃなかったんだよ」などと、前世の記憶を詳しく話してくれます。

ペットたちは、人間の子どもがお母さんを選んで生まれてくるように、**生まれる前から「この人がいい！」と飼い主さんを選んでやってきます。**

ただ、ペットができるのは飼い主さんを選んで生まれるところまでです。

みんながいい飼い主さんであれば、ペットも楽しく、幸せに暮らせますよね。

しかし、選んだ飼い主さんにひどいことをされたり、途中で捨てられたりするような子がいることも、悲しいけれど事実です。

今、つらい思いをしている子は、次は違う飼い主さん、あるいは人間のいないところに生まれることを選ぶかもしれません。

いいことも悪いことも、ペットが次に生まれ変わるための学びなのです。

ですが、ペットにつらい思いをしてほしくないので、お互いが協力してよりよい関係を築いていくようにしてほしいと願っています。

## ペットは人間から学ぶために生まれてきた

「ペットは愛されるために生まれてきた」

そう聞いたことがありませんか？　それもそうなのですが、ただ愛されるだけではペット自身の魂は成長しません。

人と一緒に幸せに暮らしていくためには、人間界のルールを学ぶことも必要です。例えば、噛みグセのあるワンちゃんの場合、そのままでは人と一緒に暮らすのが難しくなります。人と暮らすためには、「噛んだらうまくいかない」ことを学ばなければいけないのです。

「犬の世界では噛んでもよかったけど、人を噛むと怒られるんだ」などと、飼い主さんとの関係から、人とより楽しく暮らす方法を身につけていきます。

では、なぜペットたちが人間と一緒に暮らし、学ぼうとするかというと、人間に憧れがあるからです。

人間は動物界の王様、一番上という存在で、**ペットたちはいつか人間に生まれ変わりたい**と思っています。

そのために、人間のことをどんどん学び、少しでも近づいていきたいのです。そうでなければ、自分たちのルールを曲げてまで一緒に暮らそうとはしないでしょう。

ペットの中でも、犬は特に人間に近く、猫やうさぎも人間に近い動物です。何十年後か何百年後には、人間に生まれ変わっているかもしれませんね。

このように、人間に近いペットという存在の動物がいる一方で、人間から遠い存在の動物もいます。

鹿やイノシシなどの野生に生きる動物たちは、人に興味がなかったり、距離をおこうとしたりします。

この違いがよくわかるのは、動物園の子たちとお話をする時です。

私は動物園の動物たちともお話をしたことがあります。

ライオンやトラ、キリンや猿ともお話をしました。

その中でよくお話をしてくれるのは、動物園で生まれた子たちです。**どこかから連れてこられた野生動物は、あまりお話をしてくれません。**

なぜなら、外の世界でいろいろなことを経験するために生まれてきているのに、人間に捕まって動物園にいるというのは、本来、その子の望んだ人生とは違うからです。

野生で生まれた子は、人間に憧れるのではなく、人間から離れていきます。

今、動物園で暮らしている野生の子は、次に生まれ変わったら人間から遠く離れた深海魚などになろうと思っているかもしれませんね。


死や生まれ変わりについては、はっきり言えない部分はありますが、**たくさんのペットたちが前世の記憶をお話ししてくれる**ので、私はあると信じています。

もしかしたら、ペットがいつか人間になりたいと思うように、私たち人間の中にも「ちょっと人間付き合いに疲れたから、次はいったん猫になろう」と、別の動物に生まれ変わることもあるのかもしれません。


アニマルコミュニケーションには、まだまだ未知の部分があります。

何が起こるかわからない。だからこそ面白いのです。

## 亡くなったペットとも会話できる

私の「ペットーク講座」でも、「亡くなったペットとお話しできますか？」という質問をよくいただきます。

すでにお伝えしたとおり、**生きている子と同じように、お話しできます。**

亡くなったペットとの会話は上級者向けとされていることが多いようですが、呼び出す方法は生きているペットと同じです。

天国とつながる特別なテクニックが必要ということはありません。それよりも「亡くなった子だから話すのが難しいだろう」と、思い込むこと自体が、ペットとつながる邪魔をします。

この気持ちのブレーキを外すことができれば、普通にお話ができるのです。

ただ一つ、初心者におすすめしない理由があるとしたら、それは話せているかどうかの確認がしにくいことです。

生きているペットなら、飼い主さんと答え合わせがしやすいですが、亡くなっていると難しくなります。

そのため、亡くなった子とお話をするのは、生きている子とのペットークで少し感覚を慣らし、自信をつけてからにしましょう。

以前、お話を聞いた、ある猫ちゃんの例をご紹介しましょう。

飼い主さんのリクエストで、「家に来てくれて幸せだったか？」と聞いたところ、

**「何言ってるの？　当たり前じゃない！　何不自由なく幸せに暮らせたよ」**

**「でも、ごはんの時間はもっと早くしてほしかったよ」**

という返事が返ってきました。

また、パパとママ、お子さんのことをどう思っていたのかを聞いてみると、

「ママはお転婆であわてん坊。それでごはんの時間を忘れちゃうんだよ。もっと落ち着いたらいいね」

「パパは、とても大人な人だよ。僕のことも、ママや子どものことも、家族をちゃんと見守ってくれている人だったよ」

「子どもも、すごくしっかりしている子だったよ」

と、ご家族一人ひとりのことも答えてくれました。ペットもご家族のことをちゃん

と見て、わかっているのですよね。

さらに、「どうすれば、また会えるの？」と聞いてみると、

「わからない。また会いたいけど……。次はもっと刺激的なところに行きたいと思ってるよ。ライオンとか強い動物に生まれ変わりたいな」

という答えでした。

人間の場合、「次は○○に生まれ変わりたい」と考える人は少ないですが、ペットに聞いてみると、意外と**「次は○○になりたい」**と答える子は多いです。

同じ猫ちゃんに、「今はお空で何をしているの？」と質問すると、

「今、生まれ変わる準備をしているよ。もうすぐ生まれ変わるから忙しいんだ」

と言っていました。

ペットたちがどのくらいの期間で生まれ変わるかは、はっきりしていません。数年で生まれ変わる子もいれば、10年以上経っても生まれ変わらない子もいます。

飼い主さんから、亡くなった子とのペットークを依頼された時、5年以上前に亡く

なった子の場合はお断りをすることがあります。

ペットは、生まれ変わってしまうと、呼んでも出てきてくれません。新しい名前で呼ばれるようになるため、以前の名前では気づかなくなってしまうのです。

ただ、今ここでペットークができなかったとしても、**その子がまた同じ飼い主さんと巡り合う**場合があります。その希望を捨てないでくださいね。

## いつか、また会える

亡くなったペットに、「また会いたい」と伝えてほしいという飼い主さんは、たくさんいます。

それに対し、多くのペットたちが「必ず会えるよ」と返事をします。


**「いつかはわからないけど、また会おうね」**

**「お互いの想いがつながったら、きっとまた会えるよ」**

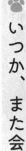

と、ペットたちも会いたい気持ちはあるのです。

ただ、お互いに会いたい気持ちはあっても、ペットがすぐにまた同じ飼い主さんの元に戻るのでは、ペットの成長にはなりません。

ペットも私たちも、成長するために生まれてきています。

ずっと同じところにいるよりも、国を変えたり、違う動物に生まれ変わったりするほうがいろいろ学ぶことができますよね。

「かわいい子には旅をさせよ」と言いますが、ペットとのお別れもこれと同じなのです。違う場所、違う人と暮らすことがペットの学びとなり、今よりももっと優しくなったり、強くなったりできるのです。

亡くなったペットとのお話を希望する飼い主さんの中には、自分が取り残されたような気持ちで、大きな悲しみに包まれている人もいます。もちろん、かわいいペットを失ったショックは大きいでしょう。

でも、**人間もペットも、命には必ず限りがあります。**

ずっと生きていることはできないのです。それならば、ペットを先に見送れるほうが、ペットを残して自分が先立つよりもいいのではないでしょうか。
しばらくは悲しいでしょうが、その子の新しい旅立ちだと思って、送り出してあげてください。

**「次もいろんなことを経験して、お互いに成長したらまた会おうね」**

そんなふうに考えられたら、かわいいペットのためにもなると思います。

いつかまた出会った時のために、もっと自分を大切に、人生を楽しんでいきましょう。それも飼い主さんが成長していくために大切なことなのです。

## ペットークで戦争のない世界ができる!?

ペットークは、心理学をベースにして、ペットたちと会話する方法です。
瞑想して潜在意識とつながり、その力を活用するという方法は、ペットとの会話はもちろん、一人ひとりの持つ可能性を大きく広げていきます。

極端なことを言えば、みんながこの方法を身につければ、戦争も起こらなくなるのではないでしょうか。

そもそも戦争は、「自分たちがもっと良くなりたい」という、人の欲から始まります。

**自分の欲を捨て、人を笑顔にしてあげて、みんなが笑顔になれば戦争はなくなります。**

でも、自分を否定する気持ちがあると、「もっと良くなりたい」と、欲を捨てることができません。ずっと心の中に戦争を抱えていることになります。

欲を捨てるには、みんなを笑顔にする前に、自分自身が笑顔でいないといけません。まず、自分の心の中に戦争が起きていないか、一人ひとりがそこに目を向けることが、戦争をなくす第一歩ではないでしょうか。

第６章でご紹介した「７つのビタミン」の理解を深め、心を安定させることが、心が平和であるということです。

**自分に優しい人は、他人にも優しくなれます。**

**自分に求めてばかりの人は、他人にも求めます。**

まずは、自分の心を平和にしていきましょう。

自分が平和になれば、他人を平和にできるはずです。

みんなが平和な世界で、ペットと一緒に楽しく暮らすことを考えてみてください。

ペットークでお互いの想いをやりとりしながら過ごす時間を思うと、ワクワクしてきませんか？

この楽しさを、一人でも多くの人に知ってほしいのです。

第７章

# ペットはあなたを選んで会いにきた

# おわりに

最後まで読んでいただいて、ありがとうございました。

いきなりペットと話そうとしても、最初はうまくいかないかもしれません。それでも練習をしているうちに、「あ、この感覚かな」という時がきます。

私の「ペットトーク講座」の生徒さんは、9割が半年でペットと話せるようになります。これは、数あるアニマルコミュニケーションの講座の中でも、非常に高い成功率だと思います。

これほどうまくいく理由は、単にペットとお話しすることを目的にテクニックを教えているのではなく、心理学をベースにあなたの生き方そのものにアプローチしていくからです。

一般的なアニマルコミュニケーションでは、「ペットと話ができれば人生が変わる」と言いますが、そうではなく、「人生を変えるからペットと話せる」のです。

この逆転の発想こそ、成功の秘訣です。

そもそも私たちには、ペットと話せる能力がすでに備わっています。その能力を引き出せるか引き出せないかだけの違いなのです。

自分を好きになり、潜在意識の力を使えるようになれば、人生も変わっていきます。

自分には、まだ使えていない力がある。

そのことを信じてください。

練習してもペットークができない1割の人は、自分を信じることがなかなかできません。心のどこかで「私にできるはずがない」と、自分の力を否定しているのです。

そして、自分を信じるよりも、何か他のものに頼ろうとします。

他の人に依存したり、神社にお参りに行ったりして、他人や見えないものの力を信じすぎたりするのです。

それでは、自分の力に目を向けられなくなってしまいますよね。

私は、よく「神社は自分の中に持て」と言います。

もちろん、神社にお参りするのは悪いことではありません。

ただ、自分のことをちゃんと見ないままお願いするだけというのは、ちょっと違うのではないでしょうか。

例えば、「結婚したい」と神様にお願いするだけで恋愛が成就するなら、みんなが結婚しているはずです。でも、そうはなりませんよね。

それならば合コンに参加して、付き合ったり、フラれたり、自分ともっと向き合って、人とうまく付き合っていく方法を頑張って学んでいくほうが、目的をより早く達成できるでしょう。


自分を信じて行動できるようになると、あなたの人生には、さまざまな変化が起こります。「ペットと会話ができる」というのは、潜在意識の能力のほんの一部です。

でも、ペットークで潜在意識とつながることで、秘められた他の能力もどんどん開花していきます。

実際に、私の講座の生徒さんでは、

ダイエットで、体重を10キロ以上減らすことに成功した。

禁煙できるようになった。

他の資格にも挑戦するようになった。

など、ペットとは全く関わりのないところでも、変化を実感しているという人がたくさんいます。

「私にできるはずがない」というマイナス思考がなくなると、人は何かをやりたくなるものなのです。人生を前向きに捉えられるようになるのも、ペットトーク習得の一つの特徴です。


私の講座のある生徒さんは、「自分のペットと話したい」と思ってペットトーク講座に申し込んで来られました。

最初は「私なんて」と自分を否定していましたが、だんだん自分を信じられるようになっていきました。

半年で「自分のペットと話したい」という目的をクリアすると、次は他の人のペットとお話をするようになり、アニマルコミュニケーターとして仕事も受けるようになりました。そして、最近は、生徒さんたちにペットトークを教える立場になっています。「私なんて」と言っていた人も、どんどん生き方が変わっていき、気がつくと自分が思っていたこと以上の自分になっています。

夢を諦めているのは、あなた自身です。

自分の可能性を信じることで、潜在意識が応援してくれるので、「誰かが応援してくれるならやろうか」ではなく、「これができるんだから、こっちもできる。大丈夫！」と、自分で自分の背中を押してあげてください。

今よりもっと楽しい人生がそこにあるはずです。

最後に、私の活動を応援してくださっている皆様に、この場を借りてお礼を申し上げます。私の「ペットトーク講座」の生徒の皆様、講座の運営をサポートしてくれているスタッフや認定講師の皆様、私にペットトークをさせてくださった飼い主の皆様と動物たち、わが家のうさぎたち。

いつも動画を視聴して応援してくださっている皆様、本書の出版で大変お世話になった内外出版社の方々。

そして、ここまで一緒に講座を作り上げ、いつも協力してくれる妻に心からの感謝を捧げます。

著者

**アニマル**
**カウンセラー協会**
**HP**
https://animal-counselor.com/

**YouTube**
**【動物と話そう】**
**教えて、あつし先生!!**

**インスタグラム**
https://www.instagram.com/marupapa313/

## 保井敦史（やすい あつし）

アニマルカウンセラー。アニマルコミュニケーター。柔道整復師。鍼灸師。アニマルカウンセラー協会代表。株式会社やすまる代表取締役。

1980年奈良県に生まれる。大学はアメリカに留学。帰国後、人に喜んでもらえる仕事がしたいと、治療院で働き始める。テレビで見たアニマルコミュニケーションを使えるようになれば、クライアントの気持ちもよりわかるようになるのではと、アニマルコミュニケーターとして世界的に有名な、ローレン・マッコール氏来日のたびにセミナーを受ける。セミナーを受けるうちに、アニマルコミュニケーションは霊的なものではなく、潜在意識の活用方法の一つであると悟り、独自のアニマルコミュニケーションメソッド「ペットーク」を確立。

2020年にアニマルカウンセラー協会を立ち上げ、以降多くの人にペットークを指導。半年間の講座で、実際にペットと話せるようになる生徒が9割にも上るということで注目を集め、毎年多くの受講生が集まる。ペットークをきっかけに人生が変わった、メンタルが強くなりダイエットに成功したなど、アニマルコミュニケーション以外のところでも受講生の可能性を開いている。

## 犬や猫と会話できるペットーク

発行日　2023年2月20日　第1刷発行

著　者　保井敦史
発行者　清田名人
発行所　株式会社内外出版社
〒110-8578 東京都台東区東上野2-1-11
電話 03-5830-0368（企画販売局）　電話 03-5830-0237（編集部）
https://www.naigai-p.co.jp
印刷・製本　中央精版印刷株式会社

　ISBN 978-4-86257-650-7　C0077